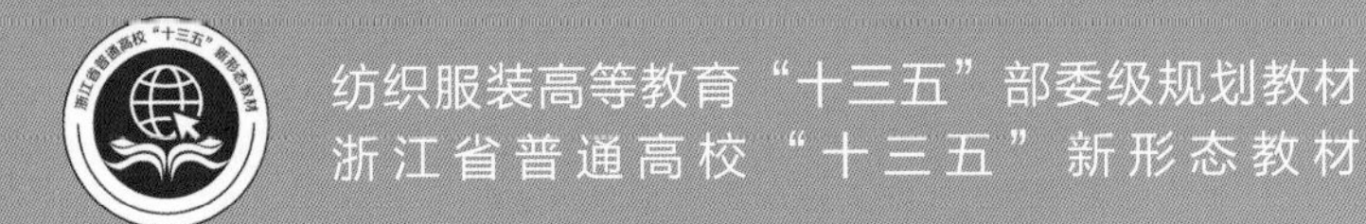

纺织服装高等教育“十三五”部委级规划教材
浙江省普通高校“十三五”新形态教材

U0163312

品牌服装视觉陈列

Visual Display of Fashion Brand

编　著　汪郑连

東華大學出版社
·上海·

内容提要

《品牌服装视觉陈列》是在《品牌服装视觉陈列实训》的基础上全新改版而成。教材的实践部分以品牌服装陈列项目为引领，涉及各视觉陈列实训项目的学时安排、基本程序、项目总结等内容，突出体现学生项目任务练习的过程，强调提高学生在团队实践中操作能力、沟通协作能力的重要性。教材的理论知识部分讲解了各类陈列任务的特点、设计内容、设计原则、设计手法等，同时配以大量时尚品牌的最新陈列案例及教学视频，包含了视觉陈列概述、视觉陈列构成、卖场陈列布局与动线设计、卖场陈列氛围营造、橱窗设计、卖场陈列调研、卖场专题陈列七个部分。

本教材强调理实一体，又兼顾线上线下混合教学，图文并茂，内容生动、形式丰富，利于激发学生的学习兴趣。适用于服装陈列及相关课程的学生，也适合有志于从事店铺陈列等相关行业的人员参考和学习。

图书在版编目（CIP）数据

品牌服装视觉陈列 / 汪郑连主编 . -- 上海 : 东华大学出版社 , 2020.5

ISBN 978-7-5669-1725-6

Ⅰ . ①品… Ⅱ . ①汪… Ⅲ . ①服装- 陈列设计 Ⅳ . ① TS942.8

中国版本图书馆 CIP 数据核字 (2020) 第 035059 号

责任编辑：马文娟
装帧设计：上海程远文化传播有限公司

品牌服装视觉陈列
Visual Display of Fashion Brand
编　　著：汪郑连
出　　版：东华大学出版社
（上海延安西路 1882 号　邮编编码：200051）
本社网址：http://dhupress.dhu.edu.cn
淘宝书店：http://dhupress.taobao.com
营销中心：021-62193056　62373056　62379558
印　　刷：深圳市彩之欣印刷有限公司
开　　本：787mm×1092mm　1 / 16
印　　张：10.75
字　　数：344 千字
版　　次：2020 年 5 月第 1 版
印　　次：2022 年 9 月第 3 次印刷
书　　号：ISBN 978-7-5669-1725-6
定　　价：68.00 元

学 术 顾 问：张福良　浙江纺织服装职业技术学院服装学院　教授

叶菀茵　浙江纺织服装职业技术学院服装学院　教授

侯凤仙　浙江纺织服装职业技术学院服装学院　教授

编　　　著：汪郑连　浙江纺织服装职业技术学院　副教授

副　主　编：胡海鸥　浙江纺织服装职业技术学院　讲师

郑　宁　浙江纺织服装职业技术学院　副教授

柴　瑛　浙江纺织服装职业技术学院　讲师

朱俊丽　浙江纺织服装职业技术学院　讲师

朱　伟　浙江纺织服装职业技术学院　讲师

于　虹　浙江纺织服装职业技术学院　副教授

参　　　编：曹志豹　宁波雅戈尔服饰有限公司运营部　经理

祝颖杰　杭州杭州齐祜贸易有限公司　总监

魏文波　浙江君时时装有限公司　视觉营销总监

梁春燕　宁波博洋集团德·玛纳　女装设计主管

周小萍　杭州红袖服饰实业股份有限公司　品牌策划总监

胡　修　上海顿诚装饰设计有限公司　设计总监

前　言

视觉陈列在欧洲和美国等地已有一百多年的发展史。如今，随着中国服装产业转型升级和新业态经济到来，视觉陈列作为卖场营销手段，也已经被广大商家认可和使用。在中国，视觉陈列师作为一个新兴职业将在相当长一段时间内面临巨大的需求。

为满足市场对视觉陈列人才的需求，2006 年 11 月，中国服装设计师协会率先成立服装陈列委员会；2009 年左右，相关高职院校开设了服装陈列方向； 2012 年，教育部又为高职教育增补了服装陈列与展示设计这一新专业。接着，一些本科院校也相继开设了服装陈列方向或相关课程，国内视觉陈列课程体系由此日臻完善，中国服装视觉陈列的设计技术水平也逐渐提升。

2012 年 7 月，浙江纺织服装职业技术学院服装陈列与展示设计专业通过对视觉陈列理论多年研究和课程实践，研发出版了《品牌服装视觉陈列实训》教材；2014 年 9 月，出版了《品牌服装视觉陈列实训》（第二版）。截至目前，该教材累计销售二万册，被广泛应用于浙江纺织服装职业技术学院、闽南理工、山东服装职业学院、扬州职业大学、辽宁轻工职业学院等，为服装陈列与展示设计专业建设及视觉陈列人才培养发挥了很好的作用，取得显著的教学效果。2015 年，该教材被中国纺织服装教育学会授予“十二五”部委级优秀教材奖；2017 年，《纺织导报》书评该书是“一本专业程度较高的教材，精心剖析理论知识，并关注项目实训内容，着力于提高学生在视觉陈列上的知识理解能力与实际动手能力，达到视觉陈列人才培养的要求，对于相关专业的学生以及教学工作者而言，该书值得阅读”。该教材还曾在当当网、京东网上获得读者五六百条好评，表示该教材条理性强、深入浅出、写得有水平、内容实用、案例时尚精美、对服装行业的销售很有帮助……

基于互联网和信息技术的发展及中国视觉陈列的发展，该教材融通“岗课赛证”，并于 2020 年 5 月，以新形态形式重新改版。与《品牌服装视觉陈列实训》（第二版）相比，该教材尽量保持纸质教材的“原版特色、组织结构和内容体系”，体现“知识、技能、素质”三位一体的人才教育质量观。2021 年 8 月，该教材被中国纺织服装教育学会评为纺织服装优秀教材二等奖。该教材主要修改的地方有：

第一，通过二维码，增加了教学视频。增加这些视频，目的在于加深读者对某一知识点的理解或者是为了让读者在理解知识点的基础上掌握如何应用。

第二，增加了相关文献资料推荐。增加相关文献资料目的是为了拓展读者的知识，了解相关知识的背景。

第三，增加自我测试题。增加自我测试题，可以使学生在学习后，进一步检测自己的知识掌握情况，而测试答案，则可使读者了解自己错在哪里，从而巩固知识点。

第四，设置与该教材相对应的慕课课程。读者可以注册进入中国大学慕课、超星慕课上的《服装店铺陈列技艺》《橱窗设计》课程，完成课程学习。

最后，该教材还对原教材内容进行了一些删除、调整和补充，使教材结构更加严谨、内容更加精炼，并努力在服装陈列的产业资讯、教学资料等内容的时效性、合理性方面有所更新和充实。

该教材的改版，从2018年寒假开始，整整花了一年多的时间，期间的工作量之大、之繁琐，是我们始料不及的。为了使这一新形态教材得以顺利出版，胡海鸥和郑宁老师各提供了8个教学视频，柴瑛老师提供了4个教学视频；在教材编写方面，胡海鸥老师提供了大量的图片素材；于虹老师负责编写项目二知识点一、二、三的部分内容；朱俊丽和郑宁老师提供陈列调研案例资料；朱伟老师负责该书的图片绘制工作；杭州齐袺贸易有限公司祝颖杰承担了第七章女装陈列部分的插图工作。此外，东华大学出版社的责任编辑马文娟老师、宁波雅戈尔服饰有限公司曹志豹、浙江君时时装有限公司魏文波、宁波博洋集团德·玛纳梁春燕、上海顿诚装饰设计有限公司胡修和杭州红袖实业股份有限公司的周小萍以及中国服装设计师协会陈列培训中心的各位权威专家为确保该教材的质量提供了保障和支持。在这里，向以上各位同仁、专家致以崇高的敬意！当然，教材的编写过程中，我们有选择地参考了一些著述成果，同时也引用了一些图文，在此谨向原作者深表谢意。

编　者

目 录

目录

项目1 视觉陈列认知

项目引言

百货业的激烈竞争与快速发展成就了作为重要营销手段且充分诠释“品牌战略”的视觉陈列。视觉陈列在欧洲和美国等地已有一百多年的发展史，并已经形成鲜明的特点。

如今，随着中国服装产业的升级和业态转变，品牌化经营已经成为中国企业的发展目标。品牌化的发展带来了营销手段的变革和创新。视觉陈列作为商业经济时代进步的一个标志，也开始慢慢被广大商家所认可和使用，成为商家们的主要竞争手段之一。

掌握视觉陈列概念、视觉陈列职责和管理及陈列手册制作等方法，可以为完成后续项目任务提供理论基础，同时为学习陈列制作过程、方法提供帮助。

根据这些要求，本项目需完成的任务如下。

任务一：

分析服装卖场陈列风格与其品牌风格的契合性，并提出建议。

任务二：

了解视觉陈列师的任务与要求，确立学习目标。

项目实施

任务一：

分析服装卖场陈列风格与其品牌风格的契合性，并提出建议。

1. 任务目标

通过任务实施，让学生掌握不同的服装陈列风格的特征，形成陈列风格与服装品牌定位统一的概念。

2. 任务一学时安排（表1-1）

表 1–1　任务一学时安排

技能内容与要求		参考学时	
		理论	实践
1	任务导入分析	1	
2	必备的知识学习	2	
3	服装品牌定位和陈列风格信息收集		2
4	契合性分析 、建议		1
5	PPT 总结		1
6	项目汇报		1
合计		3	5

3. 任务基本程序和考核要求

（1）分组：每组 3 ~ 4 人。

（2）任务分析：对已获得任务进行分解，并掌握任务要求。

（3）服装品牌定位和陈列风格信息收集：通过调研和资料信息搜集，能充分了解服装品牌理念、风格等相关品牌定位信息，掌握服装品牌当前陈列风格。要求调研总结内容详实，搜集的资料和信息真实有效。

（4）品牌风格与陈列风格契合性分析、建议：要求分析、建议客观，有说服力。

（5）PPT 总结：要求 PPT 制作精美。

（6）项目汇报：要求汇报思路清晰。

任务二：

了解视觉陈列师的任务与要求，确立学习目标。

1. 任务目标

分析学生自身在专业上和综合素质上与专业陈列师的差距，确立学习目标。

2. 任务二学时安排（表 1–2）

表 1–2　任务二学时安排

技能内容与要求		参考学时	
		理论	实践
1	任务导入分析	1	
2	必备的知识学习	2	
3	分析自身的专业素质，确定学习目标		1
4	PPT 总结		1
5	项目汇报		1
合计		3	3

3. 任务基本程序和考核要求

（1）任务分析：对已获得项目进行分解，并掌握任务要求。

（2）陈列师素质要求分析：了解陈列师的专业素养和综合技能要求。调研总结内容详实，搜集的资料信息符合岗位要求。

（3）自身的专业素质分析：依据专业陈列师的素质要求，客观公正地分析自身的陈列专业素质水平，找出已经掌握的知识技能和不足之处。

（4）找出差距，确定专业发展目标：结合自身的不足，确定专业学习目标。分析差距的客观性和学习目标的可实现性。

（5）PPT 总结：要求 PPT 制作精美。

（6）项目汇报：要求汇报思路清晰。

项目达标记录

项目总结

学习资料索引

知识点一：视觉营销和陈列的概念

一、视觉营销和陈列定义

视觉营销的英文是 Visual Merchandising，缩写为 VMD，意思为商品计划视觉化，即在流通领域里，研究怎么样把企划的商品向顾客推介的提案，并确定商品展现的战略活动。这项活动的重要目的是通过从商品计划到进货、陈列、表现、内部装修、道具设计等的店铺环境表现，直至卖场的 POP、标识、告示板等图形表现，用可见的形式向顾客传达店铺信息，使商品的价值效果最大化，然后通过表现品牌之间的差异提升销售业绩。它的基础是商品计划，且必须要依据企业理念来决定。

视觉营销（VMD）在国内又包括三大部分：店铺空间设计与规划布局 SD（Store Design）、商品陈列形式 MP（Merchandise Presentation）、商品计划 MD（Merchandising）、商品策略。

视觉陈列（Display）是以美的观点出发，漂亮地展现商品的一种必要的营销手段，其适用于零售业，优秀的视觉陈列对销量的好坏往往起到决定性的作用，为达到易懂、易看、易选且美观的陈列效果，要对消费者心理进行预期设计，构思消费者便利购物及合理入场等陈列操作的技能技巧。视觉营销是把企业所设想的形象具体化，以多样的营销活动和各种演示、展示为手段，把商品企划、进货、销售等所有业务整合起来运作的战略，而在商品交易中，陈列则是执行战略的其中一个战术。这个战术是向顾客介绍商品的卖点，作用有以下三点。

（1）传递商品信息（告知）：位置信息、商品信息、购买信息、价格信息、促销信息。

（2）美化视觉和提高卖场档次，促进购买 。

（3）提高品牌的竞争力和品牌忠诚度。当顾客看到零售店陈列后，会产生反馈，最好的效果当然是最终在本店购买商品，并使品牌在零售市场中产生强大的影响力。

二、服装陈列风格分类

陈列源于欧洲，19 世纪 70 年代末期，美国百货店推出了剧场式情景装饰陈列风格。时至今日，服装陈列技术经过一百多年的发展，以多样的技术手法，形成了较为固定的装饰风格流派，其中美式风格、欧式风格、日式风格最具代表性。

（一）美式风格

剧场式的装饰风格。

模特运用方面，美式风格非常善用真人化的模特和生活场景，真实如话剧舞台。把动态各异、表情丰富的真人化模特置身于制造的风景或生活场景中表达生活方式，如同展示一场生活秀，具有极强的观赏价值和视觉吸引力。

美式陈列具有敞亮、宽大的空间感，较注重豪华、气派，带有一定的情节氛围，但对细节的处理相对不够精致、细腻（图 1-1）。

图 1-1　美式风格橱窗

图 1-2　瑞士风格橱窗

（二）欧式风格

包括瑞士风格、法意式风格、英式风格。

1. 瑞士风格

瑞士是世界上橱窗陈列最发达的国家之一，瑞士风格在欧洲陈列风格里是技术含量最高的，已经形成了一套完备的体系与技巧。它的优越之处在于可以对任何商品进行陈列，注重制作工艺与细节，讲究精湛的搭配技法，尤善用装饰品搭配时装。在空间处理方面多用装饰布装饰背景，注重服装制作工艺的表现，在成衣模特身上做出布料的动感，或在空间做出布料的立体构成，用一种特殊手法展示布料的纹理和材质，形成以静为动、以静传神的独到陈列形式。

在瑞士，橱窗陈列已不仅仅只是一种商业形式，而是已经渐渐形成一种文化。在迎接贵宾等重大事件时，所有的品牌橱窗陈列主题会做相应改变，有时政府还会发出特别通告。因此，整个街道自然而然地会展现出统一的美感（图 1–2）。

2. 法意式风格

法意式风格依托深厚的皇家服务背景，较注重创新和色彩的简洁性，适合具有一定历史的高级服装品牌。高级服装依靠上乘的材质、精美的制作工艺及引领潮流的设计展示服装的美感。法意式风格就是利用简洁的陈列手法衬托出高级服装本身上品、高雅、简洁的优势，并给人轻松自然的视觉感受（图 1–3 ～图 1–6）。特别指出的是由于意大利的佛罗伦萨、罗马、米兰等地都曾是古文明的发源地而存在着很多古代遗迹，当地政府对于街道的景观规划有严格的限制，导致当地法意式风格店铺门面和橱窗的空间比较狭小。

3. 英式风格

英式风格华贵、端庄，充满古典气息，凸显绅士的严谨与尊贵特征，具有大英帝国霸道之气。在陈列表现手法上，注重对空间的处理，以成衣和绅士装为展示重点，运用多种面料的配搭，呈现正统、保守、绅士感强的装饰效果，处处体现出英国悠久的文化历史。英式风格橱窗和整体卖场布置很有特色，往往选择具有怀旧感的胡桃木家具陈列服装，并借助精致的相框或画框体现品牌文化或讲述品牌故事，而且常常配以马球和高尔夫球的工具，作为时装的装饰。由于英国绅士常以手握伞柄形象出现在世人面前，因此英式风格服装陈列尤其善用伞（图 1–7）。

图 1-3、图 1-4　法意式陈列，大面积的元素简单堆积，让人们在感受奢华的同时，进入一种犹如贵族戏剧情节的“铺张”感之中

图 1-5、图 1-6　杰尼亚的陈列散发着法意式时尚的高调与典雅，在尊贵与大气中，展示出特别的细节表现，展现他们一贯的高姿态、距离感

图 1-7　BOGGI 的英式风格陈列

图 1-8　日本原宿伊势丹正装楼层，追求陈列最大化，弱化品牌间的界线，没有品牌独立的门面

图 1-9　低姿、工整、简洁、抽象、自然的日式元素在橱窗中的运用

（三）日式风格

日本风格吸收了瑞士风格中细腻的表现方式和美式风格中善于营造戏剧化氛围的优势，再结合日本国现代与传统集结的低姿、工整、简洁、 抽象、自然等设计特点，创造出一种较为全面的陈列手法，可以以任何产品为陈列对象。

日式风格还有一个特点是在窄小的陈列空间中，通过设计以及充分利用空间和安装现代化设备，追求技术的全面和视觉效果的精致、完美。卖场的货架是寸土寸金，日本服装店正好利用日式陈列风格这个特点，将柜架布置得紧促有致（图 1-8、图 1-9）。

三、陈列与广告公式

1898 年，美国的路易斯提出了 AIDA 广告公式，即“注意（Attention）、趣味（Interest）、欲望（Desire）、购买行动 （Action）”。现在 AIDA 广告公式增加了“记忆认同”（Memory），发展为 AIDMA 公式。AIDMA 广告公式，也适用于陈列（表 1-3），陈列师只有结合 AIDMA 五项要素进行卖场陈列，才可以创作出具有营销力的陈列展示效果（图 1-10、图 1-11）。

图 1-10　韦斯特·伍德橱窗首先以巨幅的精致蕾丝吸引了顾客，由此让其对橱窗里面精致又不失古怪的服装产生兴趣。它的橱窗和服装一样模糊了时间，模糊了优雅与粗俗，模糊了古典与现代，迎合了 20 世纪 80 年代流行于西方时髦青年的口味，不禁让顾客产生拥有它的欲望

图 1-11　汤米·希尔费格卖场犹如顾客的衣帽间，让人感到温馨、舒适、轻松

表 1-3　AIDMA 卖场陈列展示要点

顾客购物过程要素	卖场陈列展示要点	视觉表现重点
引起注意（Attention）知觉阶段	强调卖场品牌形象的塑造、橱窗、模特、样品的展示	新鲜度、色、光的灵活应用
产生兴趣（Interest）探索阶段	卖场规划、通道设计、货品的有序陈列	顾客易进入、易观看、易选择
购买欲望（Desire）评估阶段	POP 的运用，价格标签清晰地放置在眼睛正上方、在售卖空间做有变化的陈列	有意识的表现、设定主题
记忆认同（Memory）决策阶段	利用背景音乐等，创造安全、舒适、愉快的购物环境	顾客对品牌 、产品的认同
购买行动（Action）行为阶段	店员的优质服务	站在顾客的立场上，服务于顾客

四、视觉陈列师应该具备的素质

服装陈列师，在欧洲已经是有百年历史的“古老”职业，是被时尚界喻为“卖场魔术师”的神奇职业，欧洲的陈列师教育和认证如今都已发展的相当成熟，不仅有相关的职业教育，甚至还有类似律师事务所的机构——陈列师事务所。陈列师资格考试规定非常严格，没有通过认证将无法从事陈列工作。通过这种教育和认证过程，欧洲各国陈列人才质量能够得到充分保障。

与国外的陈列水平相比，国内的陈列师几乎都是从设计部、营销部、工程部等转行过来的。这些从其他专业转行过来的陈列师素质参差不齐，由于没有接受科学系统的职业教育、没有足够的经验积累、更没有一套成熟的模式可以套用或复制，导致国内的陈列师无法与国外的陈列师相媲美。从陈列艺术与商业性紧密结合的特点来看， 陈列师个人素质直接决定着企业产品的陈列效果，那么一个合格的陈列师要具备哪些素质呢？

（一）专业能力

作为一名陈列师首先要具有绘图软件应用能力和手绘能力。陈列师把自己的陈列构思、理念运用绘图软件和手绘的方法表达出来，以便受众理解并与之沟通；其次，陈列师还要有市场洞察力、时尚捕捉能力。通过市场调研，分析卖场销售状况，分析目标卖场和竞争卖场的销售状况，总结市场经验，并通过把握陈列流行趋势，结合品牌的理念和营销规划，及卖场实际情况才可策划科学有效的陈列方案；再次，在制作方案中陈列师需要具备服装卖场空间规划能力，卖场色彩协调能力，卖场照明配置能力，服装搭配的能力，陈列素材把控能力，服装陈列主题创意能力，陈列方案的分析，评估和管理能力，陈列团队管理以及陈列系统设置能力等；最后，陈列师还要有陈列推广、执行能力。正确表达和宣导陈列的创意思维，培训陈列相关人员，能够使陈列方案在陈列终端得到很好的执行。

陈列设计专业不仅是一门思考与创造的学科，还是一门必须通过实践才能提升能力的学科，陈列设计作品从图画意念到实物建成是一个从二维到三维的再创造过程，学科的发展也有它的思潮和前沿，所以设计师要不断拓展视野，经常现场感受专业最新的落成作品和学术动态是十分必要的。这也是激发灵感，保持创作能力的必要条件。

（二）营销知识

陈列是对品牌推广的一种视觉提案，属于卖场终端营销，因此了解品牌终端营销策略环节，对陈列工作是至关重要的。作为一名陈列师，除了对终端销售营运细节的了解以外，还要站得更高一点，即做陈列设计的时候既要考虑到品牌的长、中、短期发展规划，还要理解品牌的行销战略、商品战略规划、企业销售策略等。因为陈列形象虽然是需要不断变化与更新，但是变得没有脉络没有关联也不是品牌所为，企业不同阶段的行销战略决定了企业不同阶段的商品战略，而商品战略直接关系到陈列表现。譬如某时尚品牌在发展的初期，行销策略为扩张渠道，拓展营销网络的广度，其商品战略偏重走量，实行款少量多的运营方式。作为陈列设计师，应该体现这种商品战略，采取量感贩卖的陈列方式。而到了品牌发展成熟阶段，其行销战略侧重稳定现有市场，延伸品牌线，体现在商品战略上，就会出现风格差异比较大的产品。此时，陈列设计师必须在延续品牌一贯风格的前提下，去设计符合量少款多的产品陈列方案。

除了了解企业的品牌行销方案和企业销售策略，合格的陈列师还要有卖场实战经验，从而在陈列中充分考虑店员的工作方式和目标顾客的消费心理、购物习惯，真正做到为店内的一线销售服务。

（三）艺术修养

设计的提高是在不断地学习和实践中进行的，设计中最关键的是意念，好的意念需要学养和时间去孵化，通过开阔的视野，使信息有广阔的来源。因此，陈列师要提高陈列设计水平，必须具备广博的知识和阅历，要有全面的包含历史、地理、音乐、民俗、美学等的文学修养，全面的艺术修养，是个人核心竞争力；文化与智慧的不断补给，是成为设计界常青树的法宝。

如今，陈列已经被称为是一种时尚职业。除了热门影片、时尚焦点人物的模特造型，一些主题陈列设计同样吸引眼球，成为现在值得赞叹的设计作品，而这些，不只来自陈列设计师敏感的时尚触觉，同时与他们的专业学识和文化积淀是分不开的。正是陈列设计师的时尚态度、专业能力、丰富学识的相互结合促成了他们的创新精神，使他们得以形成自己独特的理解——关于设计的、关于品牌的，并且在彰显自己的时尚态度、实现自身的人生价值的同时，定义了品牌的陈列表现，丰富了品牌性格。

（四）基本素质

陈列师是一个设计师，同时也是一个协调者，一个管理者，一个执行者，一个培训者。他在为企业，为品牌策划提供最佳的、最容易操作、最容易复制、最能帮助品牌销售的视觉提案以及视觉提案的执行与监控的方法。当然，要得到好的工作效果，需要陈列师多方面的修炼 。

第一，陈列师要有好的沟通能力。因为要有好的陈列方案，必须与设计师沟通，了解设计师的想法与创意；与商品部沟通，了解他们的上市计划与产品结构；还要与销售部沟通，掌握他们的促销计划与实际的上市时间；甚至要与生产部沟通，因为要找他们收集样衣。

第二，陈列师要有很好的陈列执行力。陈列设计是从二维到三维再创造的过程，同时也是设计师创意、个人风格追求、自我价值实现提升的过程。因此，把好的方案变成卖场陈列实体，需要设计师团队对项目的过程进行控制、反馈、调整。优秀的陈列师能够以最节省的成本和易于实施复制的方法展现最好的陈列视觉效果，并在方案实施的实践中进一步了解空间的本质、材料的特性、科技工艺的运用、思维理想的升华、个性追求的完善。

第三，陈列师还要有创新思维。陈列要吸引受众的眼球，必须时常更新，而且必须要有好的设计点，因此作为一名陈列师在陈列方案上要勇于开拓创新。

第四，陈列师要有良好的身体素质和毅力。新店开业、商品换季的时候，为了保证商场的正常营运，陈列师经常要在晚上商场停止营业后进场陈列，并要求在第二天卖场开店营业以前完成卖场的陈列任务。隔三岔五通宵达旦的工作，以及经常性的出差，若没有好的身体素质和毅力，无法满足陈列工作要求。

第五，陈列作为一种职业，设计师职业道德的高低和设计师人格的完善有很大的关系，应注重个人修养，“先修其形，后练其品”。

知识点二：陈列方案和手册制定

一、陈列方案制定过程

陈列方案是指与服装产品设计方案及品牌营销战略计划同步的品牌总体陈列规划方案。

一般情况下，一个陈列方案需要经过分析、判断、规划、设计等一系列环节才可以完成。根据任务的阶段性特点，可概括为计划预案和设计方案两个部分。

（一）制定预案

预案是在进行有关分析、研究的基础上，为设计提供一个初步的计划，预案由分析和计划两部分组成。

1. 分析

为了保证计划的切实可行，使之具有明确的目的和针对性，需要对相关问题加以分析、论证，主要包括以下几个方面：

（1）商品分析：目的是对商品的基本属性和主要特点加以把握，从而明确商品的可展示性和展示重点。包含商品的类别、卖点、色彩、需要表达的内涵、市场定位、种类以及品质、价格的档次划分、适用的展示方法等。另外还要分析历史同期的各商品品类的销售比重，便于为商品不同季节的陈列做依据（图1-12）。

（2）营销计划分析：对营销计划原则、目标和具体促销手段进行了解和掌握，以便在设计中予以体现，特别要注意不能使视觉营销计划同总体营销计划发生矛盾。总体营销计划包含营销计划的总体目标、商品

图 1-12　系列主推产品及卖点了解

的投放组合及各种商品的情况、上货波段、各月的细节计划、宣传品牌所需的力度和目标要求、计划采用的促销手段等。

（3）卖场分析：掌握卖场信息是为了为其做相应的陈列方案，做到卖场陈列的有效性。首先，卖场可以分为 A 类卖场、B 类卖场及 C 类卖场，不同的卖场类别陈列的效果会有不同；第二，卖场的展示空间结构（图 1-13）和大小会直接影响卖场的出样量，不同的出样量会影响卖场的陈列；第三，卖场的地理分布不同也会影响卖场服装的出样。总之，卖场分析包括卖场的性质、空间结构和大小的分析，以及卖场 SKU（SKU 是指同款同色同码的衣服为一个 SKU，即不同款不同色不同尺码的为不同的 SKU 数，三个条件中缺一即为不同的 SKU 数。卖场 SKU 的计算就是指店铺不同款式数量的统计）的计算等。

（4）竞争对手分析：对对手品牌所采取的视觉营销策略加以分析，以便有针对性地做出相应的对策，以突出自我，争取有利的地位。包含对手所选择的展示、陈列方法及其组合；对手使用的展示工具和技术；对手表现其商品特点的关键技巧；对手的设计给人的总体印象；对手方案当中的优点和不足。

2. 计划

在完成基本分析、解决所有的问题之后，就可以制定出设计的预案。其中应该包括的主要计划内容有：表现的主题和整体形象风格；突出的商品特点；突出的品牌形象；采用的展示、陈列方法及其组合；使用的陈列道具；实现的场景氛围；采用的艺术表现手段（色调、装饰和结构设计等）；使用的灯光、音乐等。

（二）完成设计方案

一般情况下，陈列设计方案应包括两个主要部分，即设计效果图和实施规划。

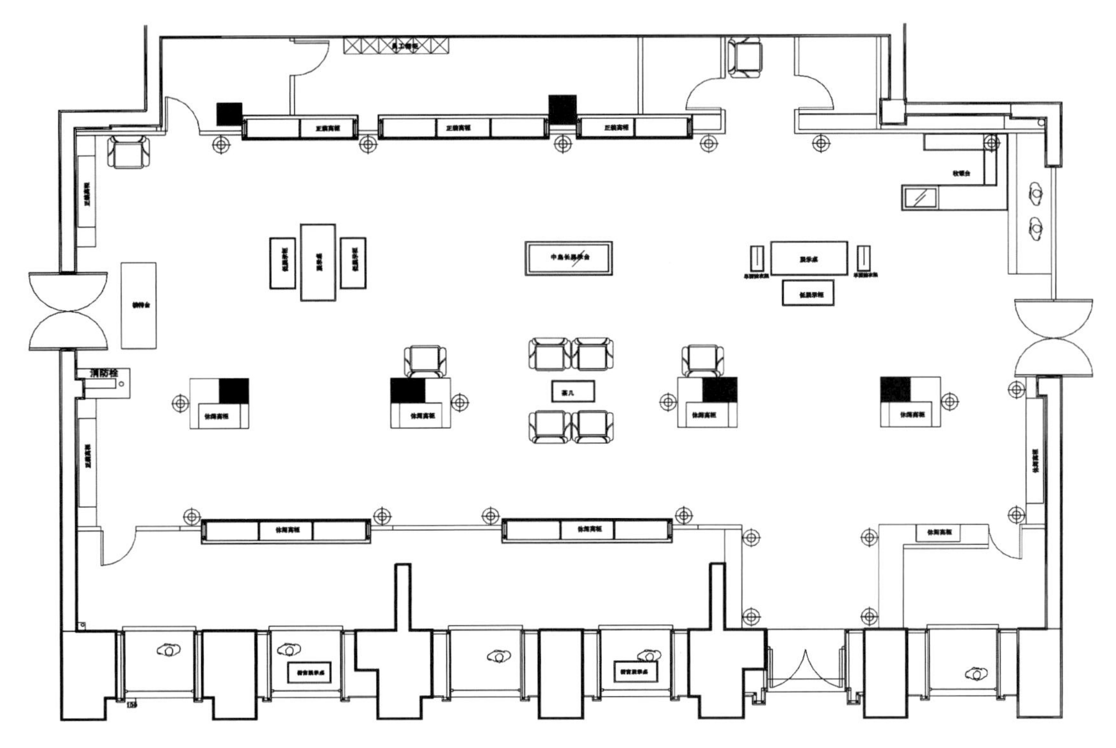

图 1-13 了解分析展示空间结构

1. 设计效果图

设计效果图是展示、陈列设计构思的具体反映和整体设计效果的直观表现，是把握和评价设计最终效果的依据。此外，今后的具体实施必须参照效果图来执行。因此，设计效果图的设计、绘制是整个设计工作的关键。为了完成效果图的设计，需要按照以下程序进行：根据前期的分析与计划，完成相应设计草图；评价设计方案，进行调整、修改；完成效果图（图 1-14 ～图 1-16）。

2. 实施规划

在实施规划中，要对实际操作所涉及的各项内容做出具体的规定，以此作为以后实施时的指导。应该明确规定的基本内容包括：规划场地（图 1-17）；制定灯光设置方案，确定电源；确定展示工具、道具和装饰用品的制作和购买计划（图 1-18、图 1-19）；落实施工所需要的材料；确定实施方案的总体时间安排和进度表；评估所需的费用等。

设计、定制、采买道具过程包含：

设计→采样→寻找生产厂家→报价→预算→打样→下单→跟单→进仓→发货。

二、陈列手册的分类

陈列手册是服装公司进行视觉标准化管理的一项管理工具，与公司其他相关的管理机制同属于一套系统，它将企业关于终端卖场的视觉效果，用纸质或者电子文档形式表达出来，并予以推广和传递，使企业陈列的相关人员可以根据陈列手册进行相应陈列操作，它的目标是传递陈列业务信息，用于指导卖场员

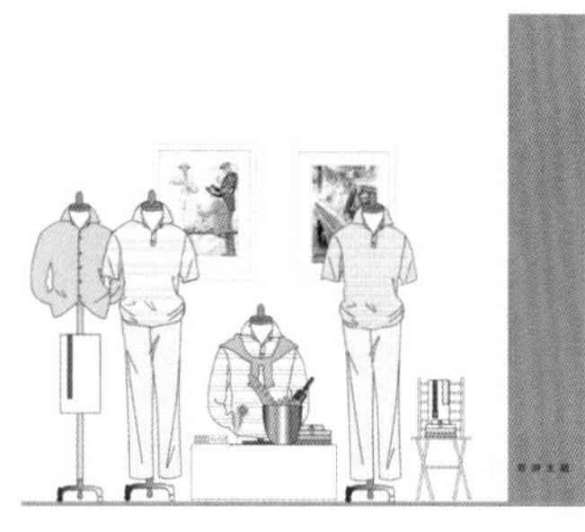

图 1-14、图 1-15　某品牌陈列效果图

图 1-16　某品牌陈列效果图

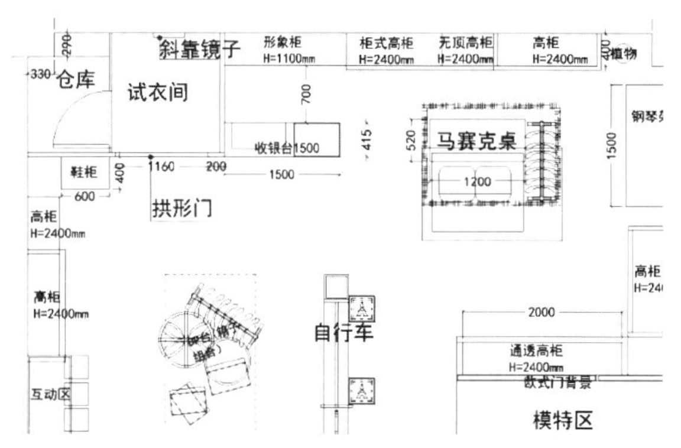

图 1-17　店铺展示空间规划

图 1-18　某品牌开发的道具

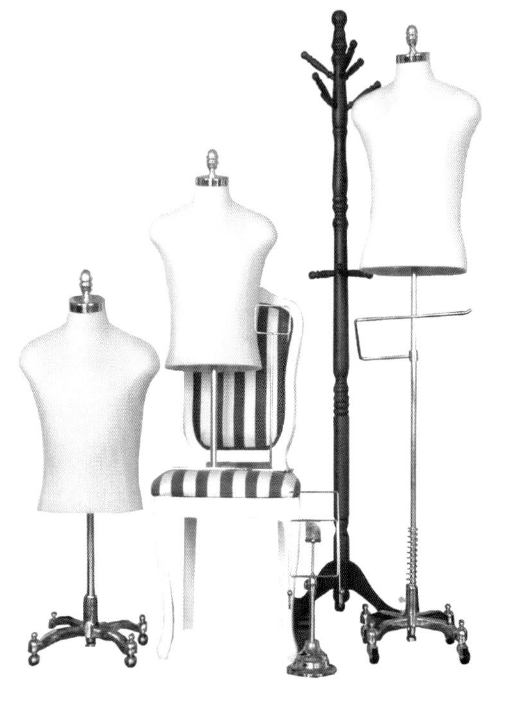

图 1-19　某品牌开发的道具

工按照要求执行陈列工作，能够表现出效果复制、远程管理和培训推广功能。陈列手册根据功能不同分为陈列标准基础手册、时段陈列指引手册 。

（一）陈列标准基础手册

陈列标准基础手册是由公司统一制定，为卖场进行陈列工作提供标准的、规范的指导，并与企业绩效管理系统结合，有对应的考核检查工具。陈列标准基础手册主要内容包含公司的陈列概念、器架使用说明、器架陈列说明、陈列维护等内容。陈列标准基础手册在相当长一段时间是不做修改的，它是建立品牌形象系统的基础。具体内容如下：

1. 陈列概念

这是对公司陈列理念的阐述，包含公司陈列相关部门和人员的介绍及品牌理念的说明（企业历史、创

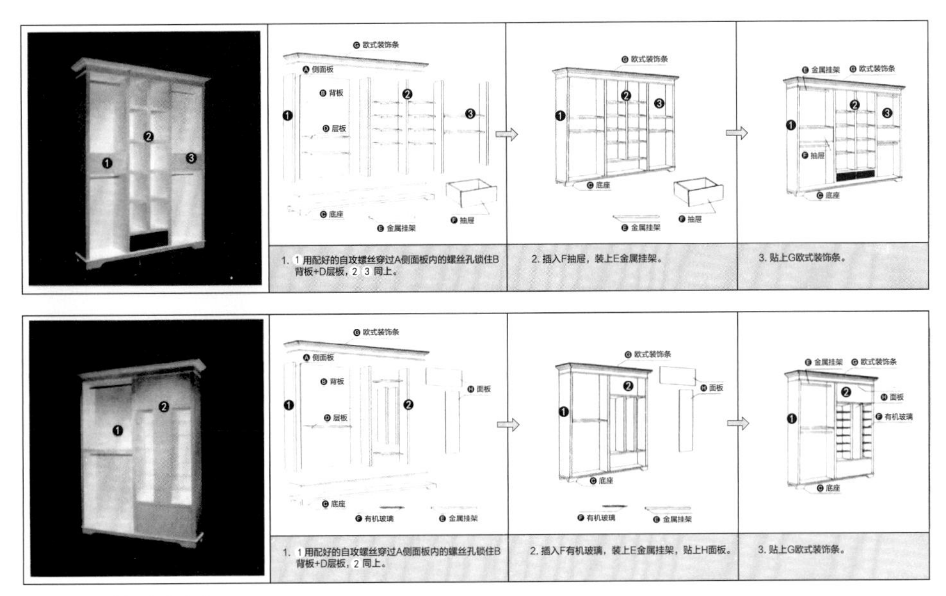

图 1-20　器架使用说明

始人、发展历程、企业愿景、核心价值观、品牌定位）、陈列目的的强调。每个品牌都有它明确的消费群体定位，陈列手册首先需要让每一个员工明确自己品牌的设计风格与品牌定位，使陈列人员明白通过陈列表达的品牌形象是什么。把公司的陈列理念和品牌理念放在一起，目的是希望受众能够把陈列提升到品牌战略的高度，说明陈列的重要性。

2. 器架使用说明和器架陈列原则

这是陈列标准基础手册的核心内容，保证各卖场可以根据硬件家具和道具情况进行标准化的陈列执行，它以卖场每一件硬件陈列器架为对象，逐一进行名称统一定义、使用规范说明和陈列演示。定义出统一的名称，使员工之间可以通过标准化的名称互相沟通与交流，规范陈列货柜的组合方式，明确使用什么样的组合方式；明确每一种货架（桌子、伞形架、一字形架、环形货架、背板）和细节（衣钩的方向规范、衣架的使用规范、价签的使用规范、海报摆放规范、标志的使用规范、柜台的展示规范、灯光的照明规范）的陈列原则和具体陈列方法，规范陈列方式（图 1-20）。

3. 陈列维护

这部分内容包含陈列的检查与更换准则、特例的处理规范。维护的对象是卖场整洁度、产品挂装、产品叠装、鞋类、灯光、道具等。陈列的检查部分可以把检查对象进行表格化设置，列出维护等级，以便随时可以用表格工具对卖场进行维护评估（表 1-4、表 1-5）。

使用这种表格的好处在于：

（1）了解卖场陈列后效果，帮助总结陈列工作的优点与缺点。

（2）了解卖场的实际情况，帮助下一次陈列工作计划的开展。

（3）寄回总公司陈列部，便于留档备查，同时起到监督与指导作用。

表 1–4 陈列维护

卖场名	记录人	日期	店长签字	市场部经理确认
项目内容	需要调整的状况	调整时间确认	评分（1 ~ 10）	新问题发现及问题反馈
橱窗				
门面				
音乐				
模特				
室内 POP 及贴画				
高架陈列				
流水台陈列				
货架布局				
卫生清洁				
店员形象				
其他				
巡店总结				

备注：（1）此表适用于陈列组出差协调陈列巡铺时填写
（2）出差回来需附于出差报销单后

表 1–5 卖场陈列展示维护表

地区：	店名：			维护人：		日期：	
日期 / 维护项目	星期一	星期二	星期三	星期四	星期五	星期六	星期日
	优良 中 差	优良 中 差	优良 中 差	优良 中 差	优良 中 差	优良 中 差	优良 中 差
货品 POP 的呼应配置							
过季 、残缺 POP 更换							
货架空档过大							
陈列货品没有拆包装							
挂装间距保持均匀							
挂装的拉链 、钮扣就位							
叠装陈列平整 、整齐							
标价牌安放整齐							
收银台保持整洁							
试衣镜未粘贴海报							
服装陈列方法多样							

4. **其他**

对陈列手册不完善或没有提及部分做补充。可以说明陈列管理的最新政策和消息、公司对陈列执行和管理方面的新思路、新方法，也可以对陈列基础手册上已调整或删除的内容进行说明。

（二）时段陈列指引手册

每一年度流行趋势都会发生变化，企业推出货品的色彩、面料、细节搭配与组合也不尽相同，而且每一季度的产品主题也不同，因此，陈列部需要根据流行趋势的变化和产品的不同，将服装产品主题、色彩、

图 1-21　男装主题介绍

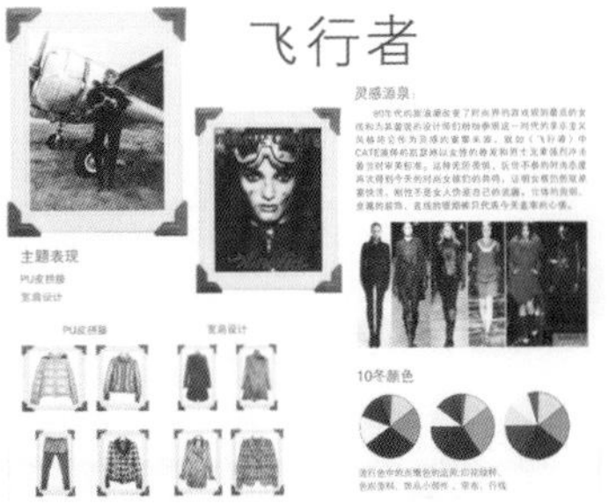

图 1-22　女装主题、产品结构介绍

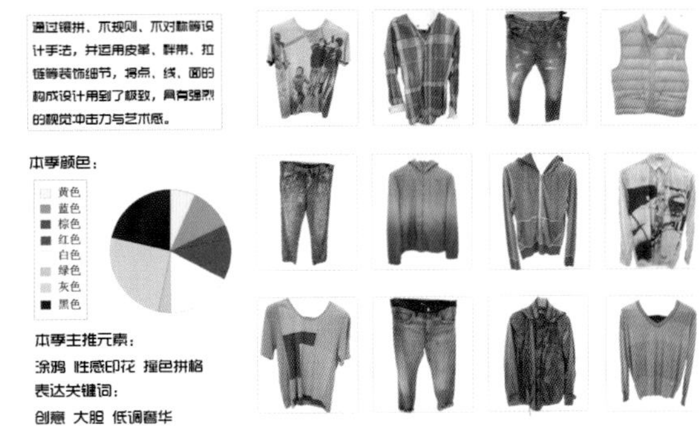

图 1-23　男装产品结构介绍

搭配、时段陈列方案整合成时段指引手册。

时段陈列指引手册是为卖场的应季或主题商品市场活动提供视觉主推的指引工具，指导陈列相关人员根据陈列指引手册进行简单、高效的陈列复制，完成公司统一的视觉形象布置。时段陈列指引手册主要包含内容有市场主题、流行资讯、产品结构、卖场定位、位置规划、陈列方式、产品搭配等内容。一般情况下，时段陈列指引会以针对应季新品和市场活动主推商品的陈列位置和陈列方式进行重点说明。具体内容如下：

1. 市场主题即季节、活动、广告等市场促销主题

在这部分内容中说明市场活动主题、灵感来源及市场主题活动时间范围等（图 1-21）。

2. 产品结构

主要包含应季商品和市场商品的系列划分情况、重点产品的卖点以及订货数量。这些信息有助于陈列相关人员提前进行陈列规划（图 1-22、图 1-23）。

3. 卖场定位

目前很多品牌根据所属商圈不同或者货品的齐全程度和时尚程度等的不同进行了卖场等级划分。不同级别卖场的货品和陈列器架可能有很大的出入，因此在陈列指引中应该明确不同级别的卖场将采用什么方式陈列。

4. 位置规划和陈列方式

这两个部分是陈列指引的主要内容。包含主题产品陈列区域布局，在某一个具体的主题下货品运用怎么样的组合方式和视觉演绎手法，在卖场橱窗、入口、板墙又如何陈列，陈列支持的道具是什么（图 1-24 ~图 1-26）。

图 1–24 男装板墙陈列

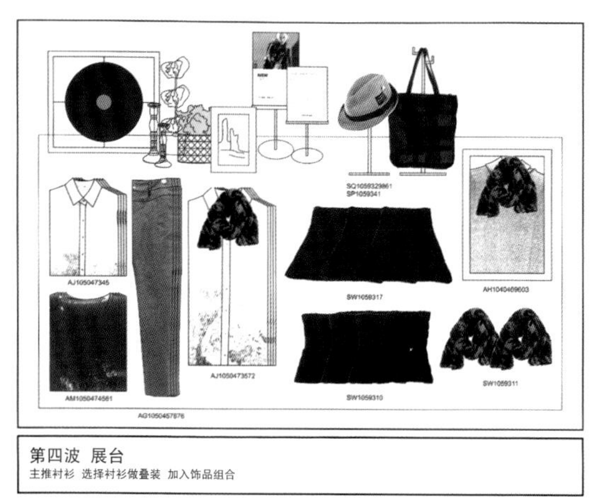

图 1–25 女装展台陈列

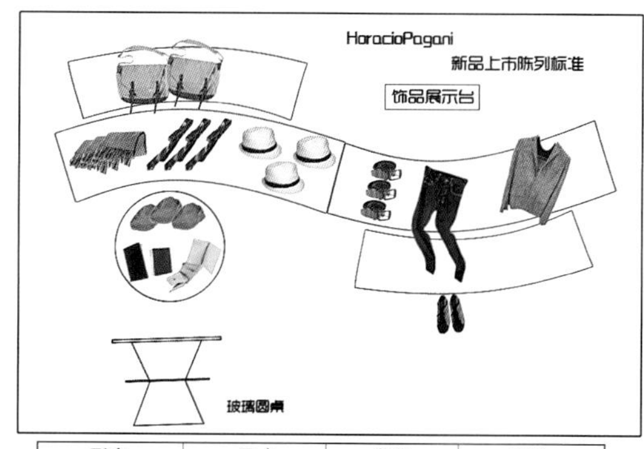

形态	尺寸	色彩	备注
★各类饰品出样为主 ★如有叠装，选择薄款做叠装 ★多类别出样，增添丰富感	★如有叠装，展台叠装 3 件出样 ★叠样从上到下，从小到大排列	★同款不同色摆放在一起 ★摆放颜色由浅至深	★保持干净、整洁 ★货品熨烫完整展示、吊牌不外露 ★注意细节整理

图 1–26 品牌新品上市陈列标准

5. 产品搭配案例

为卖场的应季或主题商品市场活动提供的搭配工具，目的是提供商品卖点详解和搭配方法，从而使受众更加了解商品，促进连带销售，提高客单价。产品搭配手册是为一线销售人员和目标客户服务的（图 1–27）。

6. 其他

在这个部分里面，包含陈列道具到店安装时间、陈列相关支出报价、陈列注意事项的说明，以及陈列信息反馈的要求、卖场陈列效果反馈图片存档等（表 1–6）。

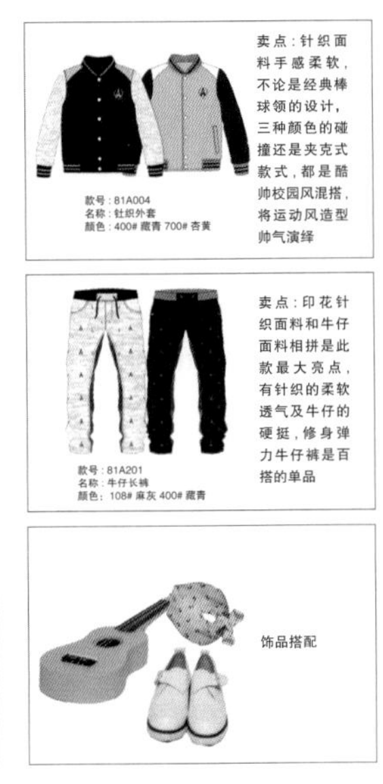

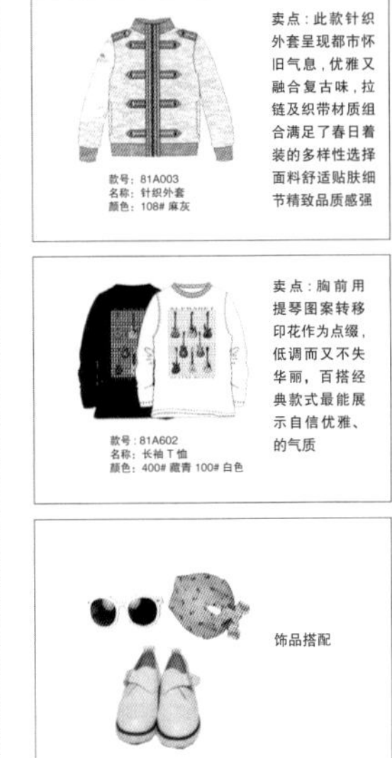

图 1-27　产品搭配

表 1-6　陈列相关支出报价表

材 料	尺寸（mm）	单 价（元）	金 额 （元）
相纸挂轴	2.5x2.4	35	35210
相纸底台	1.05x2.85	35	105
车身贴	50x61	50	15.2
PVC 管	10.5	15	157.5
黄线	5 包	8	40
光银纸	0.2x10.5	35	63
总计			

无论是陈列基础手册还是时段陈列指引，都要求内容简洁易懂，做到跟“傻瓜相机”一样，不管是高手还是初次接触的人员，通过“傻瓜手册”，都能做到卖场的一比一复制陈列。

同时，陈列基础手册和时段陈列指引，都要求图文并茂。图片是为了告知陈列操作的方式和结果，文字是为了说明解释。其中，图片可以采用实物照片，也可以是电脑、手绘效果图等形式，只要能说明问题就可以。

三、陈列手册的作用

通过陈列手册，提供给陈列相关人员一个规范统一的陈列规则，使多家卖场可以实现同步的统一品牌形象塑造，提升品牌整体形象和市场认知度。提升了品牌形象市场认知度，就可以实现培养终端顾客和加盟商对品牌忠诚度，提高品牌产品的附加值。这些都是为了促进单店销售业绩和加盟商的订货量的提升。因此，陈列手册是品牌形象准确表达的工具之一，助推企业进入良性的品牌运作流程。

另外，陈列手册还有以下特点：

（1）服装销售具有高度的时效性特征，陈列手册使信息及时准确地在企业中传递，对商品营销起到至关重要的作用。

（2）运用陈列手册同步指导店员对卖场的形象更新，减少了陈列人员的工作量，加强直营店和加盟店的管理，同时也为企业节省了人员开支，降低了经营成本。

四、手册的制作过程

（一）准备工作

（1）向设计部收集该季产品资料，内容包括产品主题、款式、面料、色彩、卖点。

（2）向陈列设计师收集陈列方案，内容包括陈列主题、理念及具体陈列方案 。

（3）填写手册制作计划书，内容包括手册版面设计和结构安排、服装件数、拍摄和制作费用预算。

（4）手册制作计划书上报部门经理初审。

（5）公司总经理终审。

（二）拍摄

（1）准备服装及陈列道具。

（2）选择陈列和拍摄场地。

（3）服装陈列拍摄。

（三）制作

（1）照片初选。

（2）初期排版。

（3）公司内部审核。

（4）后期修订。

（四）印刷

（1）印刷成册。

（2）发放到终端。

陈列手册完成后，陈列培训师就可以召集各卖场陈列人员，根据陈列手册进行陈列培训（讲解陈列主题及方案）。培训结束以后，陈列手册随当季销售货品发送到卖场，指导店员进行陈列。

知识点三：视觉陈列部门的职责和管理

一、国内视觉陈列现状

在欧美发达国家，只要是有零售终端卖场的品牌都非常注重商品的陈列，所以在品牌总部会有视觉营销部，专门设计品牌终端卖场的视觉形象，并且由卖场陈列专员负责实施，所以几乎是在每一家店都会有一个陈列专员或是陈列助理。从事陈列设计的工作人员，要经过严格的考试获取从业资格证书，方可上岗。

如今，伴随中国经济的发展和大众消费能力的提升，国外的服装品牌逐步进入中国市场，中国已经成为最不可忽视的国际化大市场。市场国际化带来企业品牌战略竞争的日趋白热化，加之陈列设计师对品牌和销售的促进作用已获得普遍共识，陈列设计师在国内受到越来越多的关注，陈列文化在国内有广阔的发展空间。但是相较国外发展近百年的陈列历史，中国的陈列市场应该说才刚刚进入到起步阶段。

1. 品牌对陈列工作的重视情况

目前，大部分品牌开始提出重视终端视觉形象的概念，但非常少的企业会付出行动来加强品牌视觉形象方面的建设工作。部分品牌企业已经知道陈列工作的重要性，但是不知道怎样做才是正确的。由于品牌在终端的形象还处在初级阶段，想要从真正意义上提升陈列效果，企业还需投入大量的资金，所以品牌终端视觉形象的提升将是个漫长的过程。

2. 品牌终端视觉形象现状

不同地区、不同级别市场品牌视觉形象的差异很大：在一级城市，受到国际品牌的影响，国内品牌陈列形象相对会好一些，到了二级城市、县级城市时，则逐级下降，甚至在县级城市几乎没有陈列，只是简单的商品摆放；在品牌总部，没有健全的陈列职能部门，并且岗位工作职能不清晰，无可行性的陈列标准，更没有专业的执行体系；陈列设计人员，大部分是由品牌市场人员、服装设计师担任此项工作，没有系统的陈列知识体系；品牌卖场设施情况混乱，导致在统一终端视觉形象时，受到了空间、道具的阻碍；担任店内陈列实施工作的人员，由于大部分文化水平偏低，导致在终端卖场陈列时，产生不好的视觉效果；中国品牌的市场状况，有代理商、加盟商还有直营卖场，直营卖场的陈列执行工作相对容易一些，而在代理商与加盟商的陈列执行工作中，会因他们对陈列工作的理解与认识程度的不足，使视觉效果受到相当大的影响。

3. 专业陈列设计人才的市场需求

在国际市场，由于早些时期消费者对品牌产品的需求就已从功能需求转向为感受需求，这一转变促进了国际品牌在陈列工作上的发展，所以，几乎每一家卖场都有一个陈列专员专门负责产品的陈列工作。国内的品牌，大部分都拥有上百家、上千家卖场，而很多品牌并无真正专业的陈列设计人才。中国有大量的连锁加盟型品牌，每个品牌又有很多家卖场，也就是说中国需求大量的陈列专员和陈列师，这类设计人才在中国属于稀缺人才。

二、 视觉陈列部门的职责

一般一个具体、成熟的视觉陈列部门由陈列设计师、陈列培训师、平面设计师、空间设计师组成。这四类人员分别负责陈列的各项工作任务，整合四项工作成果，即组成了一个系统的、完整的陈列工作。具体工作职能见表 1–7。

表 1–7　陈列部门的工作职能一览表

陈列设计师	a. 品牌装修风格的确立 b. 分季橱窗规划设计 c. 各季度陈列方案的确立 d. 新开卖场的空间规划与布局 e. 店内陈列细节（流水台、高柜上部）方案设计 f. 卖场陈列色彩规划 g. 陈列基础手册规划、制作 h. 时段陈列画册规划、制作 i. 卖场相关陈列数据搜集建档 j. 品牌陈列标准确立、卖场陈列远程监控管理 k. 陈列道具的开发、设计管理 l. 陈列推广 m. 卖场实地陈列作业 n. 日常巡店陈列维护和跟进
陈列培训师	a. 全系统陈列培训（加盟商、陈列员） b. 分片区陈列培训 c. 单卖场陈列培训
平面设计师	a. POP 制作 b. 陈列基础手册的平面制作 c. 时段陈列指引手册的平面制作 d. 产品画册的平面制作 e. 卖场相关数据建档 f. 招商画册设计
空间设计师	a. 卖场空间设计 b. 工程监督 c. 货架开发设计 d. 道具开发设计 e. 卖场相关数据搜集建档

从表 1–7 中可以看出，陈列设计师、陈列培训师、平面设计师、空间设计师之间的工作是相辅相成的。空间设计师主要负责卖场的空间规划和卖场相关数据的搜集归档；陈列设计师在空间规划的基础上，进行以提升销售业绩和推广品牌文化为核心的卖场和橱窗陈列设计、卖场实地的陈列和维护跟进；平面设计师根据陈列设计师提供的陈列设计方案进行陈列基础手册、时段陈列指引手册、产品画册的平面制作；最后由陈列培训师持陈列基础手册、时段陈列指引手册和产品画册对经销商、加盟商、店员等卖场陈列相关人员进行陈列培训和推广，组织管理陈列团队，保证每一件商品陈列的标准化和权威性。但是如果是小公司，一般主要由陈列设计师负责完成以上所有工作。

三、陈列管理与职能

（一）陈列管理的概念

陈列管理，也叫作视觉行销管理，是企业市场管理的职能之一。陈列不同于普通意义上的管理，而更倾向于设计管理。传统的管理学认为，管理对象是可以通过 SMART 原则（SMART 原则是管理者在实施目标管理尤其是进行绩效考核时应该遵循的原则。每一个字母代表一个原则，五个原则缺一不可）进行目标定义和绩效考评的。 现代的陈列管理，管理对象的设计化特征，导致 SMART 原则无法适应定义管理目标的需求。所以，陈列管理是将传统的管理学和现代的视觉管理有机结合的新管理概念。简单地说即以管理学常用工具为管理基础，和相关人员一起，或通过他们按照规范的方式在终端进行陈列实施的一个有效管理过程，并通过这一过程建立一个目标明确、理念统一、标准一致的陈列团队，为达成企业促销行为效果发挥作用。

（二）陈列管理的作用

随着品牌市场的不断扩大，卖场的不断增多，陈列师的工作量越来越大，即使如此，也不能够保证多家卖场的终端陈列形成统一风格。于是，统一、强化形象变成了品牌需求，陈列管理应需而生。陈列管理不仅涉及如何进行陈列管理，还延展到营销与服装设计等方面，其最终目的是将设计师的创意、情感、梦想通过营造一个又一个生动感人的场景传递给顾客，把陈列策划方案变为一个商业行为，用最准确、最及时、最有效的方式落实到所有卖场，并因此为品牌赚取利润。这是陈列工作的重头戏，也是目前中国服装企业急需解决的问题。掌握陈列管理技能对于从业者来说，可以产生以下明确、有效的积极作用：提高陈列工作的效果、降低陈列运营的成本、塑造陈列团队凝聚力、优化陈列业务流程、保证陈列工作质量、培养和发展陈列员工、促进自身的专业进步和职业晋升。

（三）视觉陈列的管理职能

陈列师根据所服务的企业类型不同，主要分为百货商店陈列师（图 1–28）、品牌企业陈列师（图 1–29）和小型零售店陈列师（图 1–30）。小型零售店基本上没有一个独立的陈列团队或者陈列师，为了促进销售，会在员工中发现具有创作潜力的人，鼓励他们设计装扮橱窗，布置店内陈设；或者寻求自主创

图 1–28　国际精品百货店 HARVEY NICHOLS 店外空间综合陈列设计

图 1–30　一家小型零售店橱窗温馨迷人

图 1–29　香奈儿店铺陈列

业的视觉陈列师的帮助，这些自由职业者往往曾在有一定知名度的视觉陈列团队里面工作过，因此与制作陈列道具与标识的人也有联系。自由职业者可以专攻橱窗设计或者专攻店内视觉陈列或者兼而有之。利润较好的买手制精品零售店，当然也会有专职的视觉陈列师。在本书中我们主要讲解国内常见的百货店和品牌企业连锁店中的视觉陈列职能体系和工作范畴。

1. 百货店陈列的管理职能

在国外，百货店已经有一百多年的历史，迄今为止，已经发展得相当成熟。视觉陈列作为百货店营运的一个重要环节，发挥着重要作用。典型的百货商店视觉陈列结构见表 1–8。

表 1–8　百货店陈列的管理主要职能一览表

级别	任务	级别	任务
陈列高级主管 、总监	确定并监督商店的创意形象，同采购主管保持联系，确定需要推销的商品； 与运营主管密切合作，保证商店布局设计无误； 与市场管理沟通，确保陈列团队支持所有店内商品的推销； 管理雇员薪金名册和视觉预算； 购买相关道具和模特； 招募合格员工； 管理商店图示与标识	高级视觉陈列师	指导团队初级成员； 担任陈列主管和楼层主管之间的联系纽带； 熟悉流行趋势和关键形象； 维护零售标准； 同平面设计团队交流； 培训营业厅员工； 与品牌密切合作，确保产品形象表达的连贯性
陈列主管	管理团队； 联系采购员和销售； 同陈列高级主管沟通设计实施店内与橱窗陈列； 同平面设计团队互动； 联系楼层主管； 熟悉竞争对手； 联系品牌	初级装饰师视觉陈列师	维护零售标准； 熟悉流行趋势； 同卖场员工密切合作，确保视觉指导方针落实； 了解熟悉品牌； 以销售最大化为主旨并创造性地实现营销

按照惯例，加入百货商店陈列团队首先要从装饰师或初级视觉陈列师开始做起。如果其努力又上进，一般可以在两年之内提升到高级职位。商店管理者很愿意发现一些有潜力的人，把他们当作未来的管理人员来培养，在提升到管理角色之前，鼓励他们提高自己的管理和交流能力，开始管理预算项目，开发完整的橱窗陈列方案。地区性的百货商店可能有自己的视觉营销团队，但是要服从旗舰店的领导，职位升降情况和旗舰店的差不多，地区管理者控制预算，负责招募人员。

2. 品牌企业视觉陈列结构和职能

（1）职能机构体系

在国内，一些比较规范的服装品牌企业，已经具有完善的陈列管理职能体系。品牌连锁店的视觉营销陈列结构和百货公司的视觉营销陈列结构相似，但并不是每家门店都有自己的店内视觉陈列师，而是由一名视觉陈列师或者一个团队在某一连锁店之间流动管理。连锁店的视觉陈列师为地区陈列主管服务，而区域陈列主管又服从于上级陈列经理。视觉陈列的所有工作都由公司总部的视觉陈列总监来统筹。品牌企业视觉陈列师升迁的变化与百货公司视觉陈列师的情况相仿（图 1–31）。

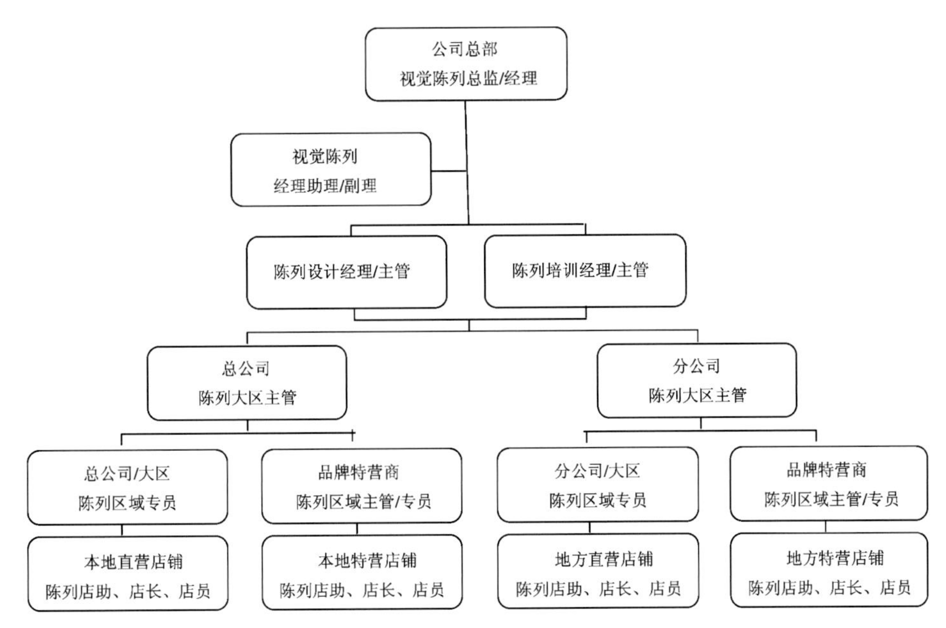

图 1-31 职能机构体系

（2）连锁店视觉陈列管理的主要职能（表 1-9）

表 1-9 陈列管理的主要职能工作范畴一览表

级别	任务	级别	任务
视觉陈列总监 / 经理	制定陈列管理制度和标准体系，明确全局工作，进行目标规划，监督并审核陈列主管岗位指责履行情况，负责团队整体工作执行效果；组织进行培训课程研发和管理技术研发工作，并实现推广；维护和改进公司内部部门协作关系、品牌客户合作关系，保证有效沟通与协作；发展下属各项业务技能和人才培养	陈列设计经理 / 主管	制定陈列设计的管理制度和标准体系；制定所辖区域的陈列设计计划、指导并监督陈列设计师完成陈列计划、陈列方案和方案的实施、道具设计和制作、陈列基础手册和时段指引手册设计和执行、陈列预算；维护和改进公司内部部门协作关系保证有效沟通与协作；发展下属各项业务技能和人才培养；完成上级部门指派的任务
陈列培训经理 / 主管	制定陈列培训的管理制度和标准体系；制定所辖区域的陈列培训计划、指导并监督培训师完成所辖区域的培训任务；维护和改进公司内部部门协作关系，保证有效沟通与协作；发展下属各项业务技能和人才培养；完成上级部门指派的任务	总公司陈列大区主管 / 分公司陈列大区主管	负责所辖卖场达到公司陈列标准，制定所辖卖场陈列计划，指导并监督陈列专员执行陈列、培训和现场教练的卖场任务，负责所辖卖场相关问题的及时解决和改进，发展下属的各项技能和人才的发展与培养，完成上级部门指派的任务
陈列专员	根据《卖场陈列标准项目》检查表，负责卖场的陈列标准执行和维护工作，对店员进行陈列标准的培训和监督，每周共进行四次卖场陈列自检，每日进行店员陈列维护工作的跟进和监督	店长	根据《卖场陈列标准项目》检查表，负责卖场达到标准要求；对卖场陈列专员和店员进行陈列工作的培训、监督和管理；每周五进行一次卖场陈列自检
店员	根据《卖场陈列标准项目》检查表，负责自己所辖货区日常的陈列标准维护工作，配合店长开展卖场陈列调整工作		

视觉陈列团队里面还包含一个重要的支持团队，其成员有木工、油漆工、搬运工。木工不只是在车间里做道具，他们还要帮助安装和拆除橱窗和店内的道具。素质全面又受过专业训练的木工知道，如果道具的摆放位置是顾客能贴近仔细看，道具就需要按照高标准制作，反之，整体的质量就可以简单一点。为视觉陈列团队工作的木工，还要能发挥他们的创造能力，按照要求做出各种各样的道具。油漆工除了粉刷橱窗等还要与木工合作，给道具和橱窗方案以点睛之笔。搬运工是要确保那些贵重的家具和精致的道具搬进橱窗和卖场且没有破损。

一、填空题

1. 欧式陈列风格包括：________、________、________。

2. 日式风格吸收了____________________和____________________的优势。

3. AIDMA 广告公式即：________、________、________、________、________。

4. 视觉陈列师应该具备的素质包含：________、________、________、________。

5. 陈列方案是指与____________及____________同步的品牌总体陈列规划方案。

二、选择题

1. 美式陈列风格特点是：（　　）

A 注重豪华、气派，带有一定的情节感氛围，但不够讲究精致、细腻。

B 讲究精湛的搭配技法，尤善用装饰品搭配时装，同时注重制作工艺与细节，形成以静为动，以静传神的独到的陈列形式。

C 没有太复杂的陈列技法，充分发挥服装产品低调而上品的价值以及让人们了解时装流行倾向，特别是鞋、包的流行倾向，给人以轻松自然的感受。

D 华贵、端庄、充满着古典气息，凸显绅士的严谨与尊贵，整体卖场和橱窗往往选择具有怀旧感的胡桃木作为陈列服装的家具，并借助精致的相框或画框体现品牌文化或讲述品牌故事。

2. 陈列手册包括：（　　）

A 时装广告画册

B 陈列标准基础手册

C 时段陈列指引手册

D 服饰搭配手册

3. 陈列标准基础手册的核心内容是：（　　）

A 陈列概念

B 陈列维护

C 器架使用说明和器架陈列原则

D 其它

4. 视觉陈列部门由（　　）组成。

A 陈列设计师

B 陈列培训师

C 平面设计师

D 空间设计师

5. 陈列管理的作用有：（　　）

A 提高陈列工作的效果

B 降低陈列运营的成本

C 塑造陈列团队的凝聚力

D 培养和发展陈列员工

电视剧《塞尔福里奇先生》（Mr Selfridge）

电视剧《塞尔福里奇先生》（Mr Selfridge）讲述的是英国老牌百货公司塞尔福里奇（Selfridges）的创始人哈里·戈登·塞尔福里奇（Harry Gordon Selfridge）的故事，他于1909年创立了塞尔福里奇，开启了英国时装零售业的一个传奇。虽然剧情中花了诸多篇幅描绘哈里·戈登·塞尔福里奇的情感经历等人生起伏，但是对于时装行业人士，可以把看点放在塞尔福里奇的历史与20世纪初英国时装零售业的状态上，对于想了解更多时装历史和时装行业信息的人来说，《塞尔福里奇先生》将是一部不错的“教材”。剧中真实还原了20世纪初塞尔福里奇的店内陈设，精美的店面设计、琳琅满目的服装与配饰。

《创意性服装陈列设计》

凌雯编著的《创意性服装陈列设计》，2018年12月由中国纺织出版社出版。《创意性服装陈列设计》系统地介绍了服装陈列的技术原理和方法，包括服装陈列的相关概念、有关原理及具体操作细节。通过对大量欧美国家及我国当代优秀服装陈列案例的介绍与剖析，使学生更为直观地理解并易于掌握服装陈列的各个要领，易学易懂，具有较强的指导性和实用性，从而提高服装陈列设计和制作的审美及表现能力。该书紧跟我国服装销售终端陈列设计的发展，是作者在中外服装陈列理论教学和研究方面的结晶。

《陈列管理 Q&A：陈列管理实务 72 问》

周同、王露露、张尧编著的《陈列管理 Q&A: 陈列管理实务 72 问》由辽宁科学技术出版社于 2010 年 6 月出版。该书的内容可以帮助从事视觉陈列管理工作的陈列从业者们，如品牌视觉艺术总监、陈列经理、陈列区长（主管 / 督导）、陈列培训师和陈列专员（多店管理）等，解决陈列设计工作和店铺陈列执行事务的管理问题。无论其服务的是高级时装品牌公司，还是大众快销型连锁企业，甚至是以品牌特许经营为主的超级时装零售集团，都可以按照该书所建议的思路、流程、模型、工具表格和案例分析来具体指导自己的陈列管理工作。为了帮助以职业陈列经理人为代表的陈列管理岗位工作者有效实施管理技能，该书在设立内容结构性目录之外，还以 Q&A（问答）的形式，将具有普遍规律性的陈列管理实务问题进行一一列举，并进行分析解答。目的是希望能够帮助读者在陈列管理技能方面实现启发、提升和创新。

项目 2 视觉陈列构成

项目引言

色彩、形态是构成卖场视觉陈列的基础。根据服装品牌定位和风格不同，卖场色彩、形态视觉陈列的表现手法也不一样，从而形成了千差万别的卖场陈列风格。

本项目知识目标是通过实践，掌握服装视觉陈列构成原则、陈列色彩构成、形态构成和组合构成的方法和规范；能力目标为在掌握视觉陈列构成知识的基础上，能针对具体的工作任务，灵活运用。

基于以上的项目目标，本项目需要完成的任务如下。

任务三：

服装卖场色彩陈列分析。

任务四：

壁式货柜色彩和形态构成练习。

项目实施

任务三：服装卖场色彩陈列分析

1. 任务目标

通过实际的任务分析，引导学生感知卖场色彩配置的重要性，领悟色彩规划的原则、掌握色彩组合技巧。

2. 任务三学时安排（表 2-1）

表 2-1　任务三学时安排

技能内容与要求		参考学时	
		理论	实践
1	任务导入分析	1	
2	必备知识学习	2	
3	服装卖场色彩陈列调研		3
4	服装卖场色彩陈列分析、建议		1
5	调研评价、总结		1
合计		3	5

3. 基本任务程序和考核要求

（1）分组：每组 3 ～ 4 人。

（2）任务分析：对已获得的校企合作项目或教师自拟任务进行分解，掌握任务要求。

（3）服装卖场色彩陈列调研：收集卖场色彩陈列相关信息和图片资料，绘制卖场色彩配置图。

（4）服装卖场色彩陈列分析：通过任务分析，根据卖场色彩配置图，从色彩配置原则、色彩组合技巧等方面说明卖场色彩应用，并提出建议。

（5）调研评价。

任务四：壁式货柜色彩和形态构成练习

1. 任务目标

通过实际训练，学生掌握色彩、形态和组合陈列构成的知识点，并能够对知识点融会贯通，针对具体工作任务，综合、灵活应用。

2. 任务四学时安排（表 2-2）

表 2-2　任务四学时安排

技能内容与要求		参考学时	
		理论	实践
1	任务导入分析	1	
2	必备知识学习	4	
3	壁式货柜色彩、形态陈列调研		4
4	壁式货柜陈列方案确定		4
5	壁式货柜陈列原则 、规范		2
6	方案实施		4
7	调整评价 、总结		1
合计		5	15

3. 基本任务程序和考核要求

（1）分组：每组 3 ～ 4 人 。

（2）任务分析：对已获得的校企合作项目或教师自拟任务进行分解，通过调研和资料信息搜集，充分了解其品牌历史、理念、风格产品特点等相关信息，掌握任务要求。

（3）壁式货柜陈列信息采集与整合：了解项目任务品牌壁式货柜陈列的特点、遵循的原则及陈列规范。

（4）壁式货柜陈列方案设计：通过对任务分析及同类风格的品牌服装壁式货柜的市场调研，利用电脑辅助设计软件开发 1 ～ 2 个设计方案。要求方案设计风格与品牌风格一致，方案形态好，色彩协调，整体感强，符合卖场的商业运作规律。

（5）壁式货柜的方案实施。

（6）方案整体评价和调整。

项目达标记录

项目总结

学习资料索引

知识点一：陈列构成原则

陈列构成与基本原则

商品展示陈列是通过视觉来打动顾客的，陈列方式的优劣决定顾客对卖场的第一印象。因此，使卖场整体看上去整齐、美观、视觉统一是服装陈列的基本思想。不同品牌的陈列构成原则和标准有一定的差异，但基本遵循以下原则。

一、整洁化

一尘不染的商品、熨烫得没有一丝皱褶的服装，是提高商品价值最好的方法；另外，还要注意加强各形态之间的协调性与卖场的整体风格的统一性。能够让顾客赏心悦目地购物是陈列最基本的原则。

二、容易观看

根据顾客的心理要求和购物习惯，同一品种或同一系列的商品应在同一区位展示。陈列的高度要适宜，易于顾客观看，提高商品的能见度和正面视觉效果。能够让顾客了解商品的特点、结构，知道是否有喜欢的商品和什么是好的，能够与更好的商品作比较，如果没有这种容易看到的陈列，就不会引发购买行为。顾客希望在最短时间内找到所喜欢的商品，因此，商品要陈列得能使顾客一眼就能掌握整个卖场的状态。

三、容易触摸

如果顾客没有用手拿起商品确认，没有用手去体验其质感，就不容易达成销售。在“购买＝接触”的原则下，触摸是最基本的。商品陈列得过多会给购物带来不便，陈列得过少，会给顾客造成库存不足或者剩余商品的感觉，导致顾客不会去触摸，更不会产生购买的欲望。

四、容易购买

陈列需根据商品的特点分类展示，灵活选择展示部位、展示空间、展示位置和叠放方法等，使顾客一目了然。服装服饰属于选购商品，顾客在购买时希望有更多的选择机会，以便对其质量、款式、尺码、色彩、价格等进行比较。陈列员在陈列商品时要做到让顾客感到货品齐全，整齐有序，并能使顾客可以迅速寻找到所需要的货品。

五、符合营销规律

应有针对性地对陈列的商品进行排序，体现秩序和层次感。最畅销的商品应排在最前面，接着排次畅销的商品，依次类推，最后面摆放的商品也要有吸引力，这是为了使顾客能继续走到最后。为了提高收益，还可以考虑将高品质、高价位、高收益的商品与畅销商品搭配销售，便于增加商品的连带销售。

六、强调品牌个性

在陈列时应充分强调品牌特征，运用照明、背景、道具等造型手段和工具，形成独特的艺术语言、完美的艺术造型、和谐的色彩对比，从而准确有效地表现和突出陈列的主题，个性化的服装陈列对树立品牌形象，提高品牌的知名度和美誉度，保持稳定的消费群体等，都起着非常重要的作用。

知识点二：陈列色彩构成

一、陈列色彩意义

服装陈列色彩设计是以色彩为中心，结合陈列方法对服装商品、卖场空间、道具、灯光等进行色彩排列组合，从而为卖场创造出既符合服装品牌风格又符合流行趋势的色彩形象，服装陈列色彩设计是体现视觉营销的重要手段。陈列色彩意义如下：

首先，服装陈列色彩设计具有强大的功能性，既便于增强服装卖场秩序，方便选购，方便货品管理，也便于因换季或波段上新而进行设计调整。

其次，服装陈列色彩设计可以使卖场达到醒目化、丰富化、与艺术美相结合的视觉效果，使静止的服装变成顾客关注的目标。尤其对于色彩敏感的品牌、推荐的货品以及新上市的货品，陈列师往往通过对色彩的选择和搭配应用，突出服装个性，提高服装的档次，以此来吸引消费者的目光，唤起消费者购买欲望。

最后，明确、规划的色彩陈列设计能突出品牌形象，强化品牌认知度，传递一种特有的品牌文化，而传播品牌文化的最终目的就是进促进销售。

二、陈列色彩规划的原因

（一）色彩多样性

即使是同一个服装品牌，在一个或多个主题下的系列设计也会有多种色彩，因此卖场里陈列的商品色彩具有多系列性、多样化的特点（图 2-1 ～图 2-4）。

扫码学习
服装色彩的概念

图 2-1 ～图 2-4　某品牌春夏色彩趋势

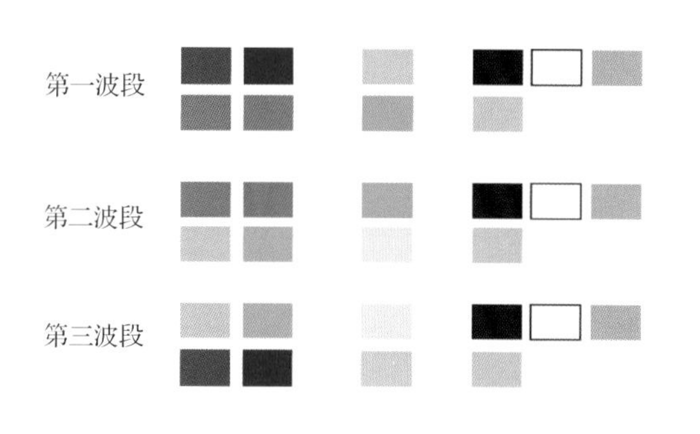

图 2-5　某品牌色彩上货波段

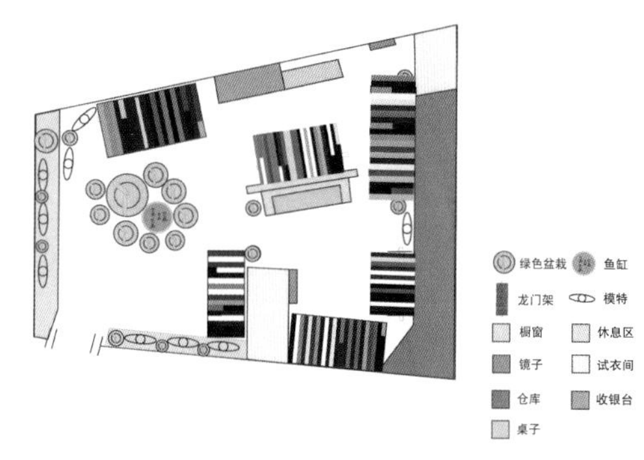

图 2-6　根据商品色彩进行分区规划和配置的服装卖场

（二）色彩季节变化性

服装具有季节性，不同季节的服装色彩也会有所不同，服装陈列中的色彩应随着季节的变化而变化（图 2-5）。

（三）色彩流行性

服装的色彩流行富于变化且具有时效性。每年都有专业的色彩预测机构对服装的流行色进行预测，服装公司的产品研发部会根据本公司产品的风格选择相应的流行色进行新一季的产品设计。因此陈列色彩配置也应结合流行色来合理规划设计。

（四）色彩关联性

不同的服装拥有不同的色彩和品味，不同的服装品牌也都拥有自己特定的色彩倾向和品味。专属的色彩运用体现着品牌的个性风格。因此，在陈列设计中，陈列师要根据品牌的风格品味配置陈列色彩，从而从卖场整体形象上增强品牌的识别度，达到宣传品牌文化、品牌风格特色的作用。

色彩的关联性还体现在科学组合、搭配得当的陈列色彩配置可以给卖场营造一个动人、深刻的整体印象，舒缓卖场中服装款式、面料、风格不同及系列之间的疏离感，营造鲜明的主题，使强烈的视觉冲击力得到延伸。

三、色彩规划的方法

（一）色彩规划基本原则

服装陈列色彩规划就是合理利用相关理论与规律，针对卖场商品本身的色彩特点，将商品色彩、展示环境空间色彩以及道具、灯光色彩进行综合科学配置，从而使商品更好地展示给消费者。

色彩规划对于服装陈列设计至关重要，是服装陈列展示色彩设计首先要考虑的问题。色彩规划的基本原则有五点：

（1）根据企业的视觉识别系统和企业的形象制定，设计相应的卖场色彩。

（2）根据品牌产品风格特点对展示环境做色彩主题设计。

（3）根据商品的色彩进行分主题、分系列、分区域、分不同展示陈列形式的色彩空间配置。

（4）根据商品品类色彩特征，结合陈列手法对陈列色彩进行组合搭配设计。

（5）色彩规划要求对环境与商品进行合理配置，且具有艺术美感和视觉营销效果（图 2-6）。

（二）色彩规划步骤

在考虑如何配色时，必须先确定自己到底要什么的配色效果，一般顺序如下：

（1）决定主体色。

（2）选择搭配色。

（3）考虑背景色。

（4）明度、彩度调整。

（5）完成配色。

扫码学习
服装卖场色彩陈列设计

具体陈列配色步骤如下（图 2-7）：

（1）步骤 1，确定一块板墙的主题颜色。

（2）步骤 2，找相同色系的叠装。

（3）步骤 3，找相同色系的鞋子、帽等配饰（如果没有，则找无彩色来搭配）。

（4）步骤 4，在容量区陈列适当的颜色（如果没有，则找无彩色来搭配）。

最后在卖场展区中完成商品的色彩陈列设计，获得各板面各陈列展区视觉形象优化的产品展示效果。

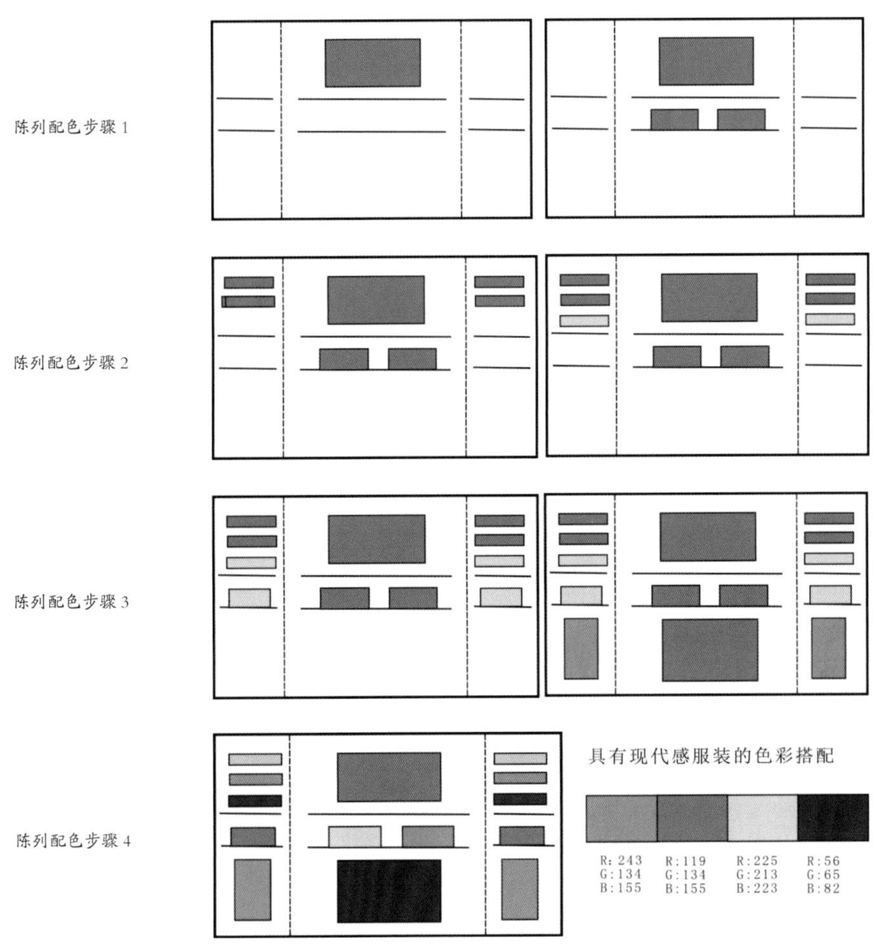

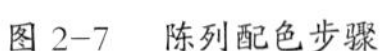
图 2-7　陈列配色步骤

图 2-8 同类色搭配

图 2-9 近似色搭配

四、色彩组合技巧

（一）常见的色彩组合

色彩组合形式及搭配

1. 同类色搭配

深浅、明暗不同的两种同一类颜色相配，显得亲和、文雅。如：青 + 天蓝；墨绿 + 浅绿；咖啡 + 米色（图 2-8）。

2. 近似色搭配

两个比较接近的颜色相配，显得柔和。如：红 + 橙红；红 + 紫红；黄色 + 草绿色；黄色 + 橙黄色（图 2-9）。

3. 强烈色搭配

指两个相隔较远的颜色相配，这种配色比较强烈。如：黄色与紫色，红色与青绿色。

4. 对比色搭配

指两个相对的颜色的搭配，补色相配能形成鲜明的对比，有时会收到较好的效果。如：红色 + 绿色；橙色 + 蓝色；黄色 + 紫色；黑色 + 白色等。

在进行陈列色彩搭配时，每个展区陈列色调应当不超过两种，且每一个展区的色彩应当与相邻展区色彩匹配——这样可以给整个卖场带来和谐的氛围，有序的色彩主题使整个卖场主题鲜明，形成有序的视觉效果和强烈的冲击力。

（1）单色色块同印花色块相间隔，方便顾客区分产品。

（2）暗色与亮色相结合，突出重点产品。

（3）采用对比色和渐进色的手法创造视觉冲击。

（4）要有主色调，要么暖色调，要么冷色调，不要平均对待各色，这样更容易产生美感。

（5）暖色系与黑调和，冷色系与白调和。

（6）黑、白、灰、金、银为无彩色，能和一切颜色相配。

图 2-10　琴键式搭配

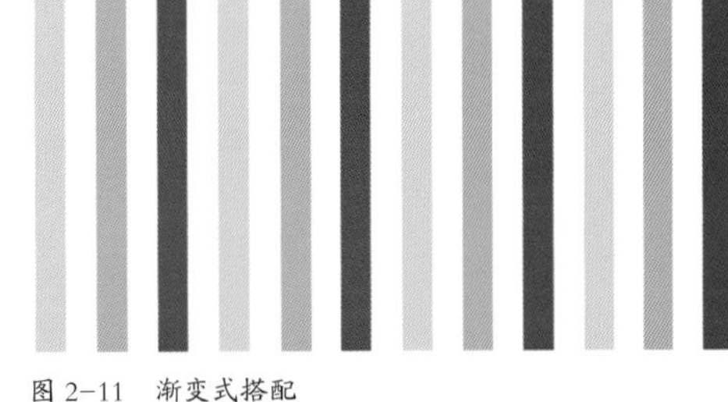

图 2-11　渐变式搭配

图 2-12　渐变式搭配

图 2-13　暖色搭配

（二）色彩组合秩序

1. 彩虹式搭配

依照彩虹的颜色组合陈列，适用于货品颜色较多的货品，如领带、T 恤等。

2. 琴键式搭配

一深一浅间隔陈列，也可利用服装的长短穿插组合陈列（图 2-10）。

3. 渐变式搭配

同一色系不同深浅的产品，组合陈列，创造富有层次感的陈列效果（图 2-11、图 2-12）。

（三）色彩知觉情感的应用

1. 色彩的冷暖

冷色搭配带给人比较冷、凉爽或深远的感觉，适合春夏季节的陈列；暖色搭配带给人温暖、喜庆、热情等感觉适合秋冬季节陈列（图 2-13）。

2. 色彩的轻重

明亮的色彩使人联想到蓝天、白云等，产生轻柔、飘浮、上升、敏捷、灵活的感觉；明度低的色彩使人联想到钢铁、石头等物品，产生沉重、沉闷、稳定、安定、神秘等感觉。要想陈列画面效果达到有序而生动的效果，对陈列物品的色彩轻重进行科学选择是必不可少的（图 2-14）。

图 2-14 色彩轻重对比搭配

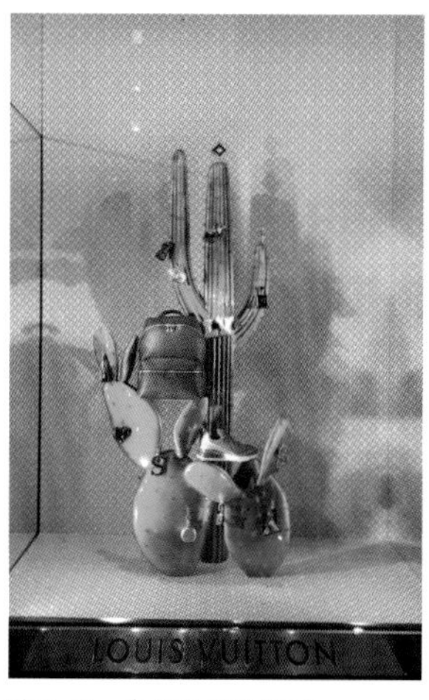

图 2-15 色彩注目性陈列

图 2-16 色彩膨胀收缩及前进后退感运用

3. 色彩的注目性

色彩具有易见度，即在对比较强的情况下，易见度高，而对比比较弱的情况下，易见度低，因此在陈列中要达到陈列主体的注目性效果，可以通过与背景形成明度对比、纯度对比、色相对比形成醒目效果，从而吸引消费者眼球（图 2-15）。

4. 色彩的膨胀收缩及前进后退感

暖色系中的高明度、高彩度的颜色和白色在视觉上具有扩大效应，冷色系中低明度、低彩度在视觉上具有后退的视觉感受，因此要改变陈列空间在受众心理的印象或达到陈列层次感效果等，可以利用色彩的膨胀收缩及前进后退的错视原理（图 2-16）。

五、色彩陈列视觉平衡要点

（1）平衡通常是运用产品组成的色块、外形和数目的合理性组合表现出来的。

（2）冷色调、大色块组合适合应用于货架的底部。

（3）色调的排布自下而上应由冷渐热，色块由大渐小。

（4）同一展示面内通常以大货量的服装陈列方式形成较大的深色或暗色块的基部，给人稳固的感觉。

（5）平衡色彩陈列通常采用对称平衡、非对称平衡。

（6）顾客在店里停留时间越长，表明陈列越成功。

知识点三：陈列形态构成

形态是指事物的表现状态或者形状，服装陈列的形态构成就是服装在卖场中呈现的造型方式。卖场的货品摆放形式主要有吊、叠、挂、摆及模特展示等。陈列的形态构成一般至少由两种以上的摆放形式搭配形成。

图 2-17　毛衫叠装陈列

图 2-18　毛衣柜中叠装陈列

图 2-19　衬衫常规折叠陈列

一、叠装陈列

叠装就是把商品折叠后的陈列。叠装陈列可以丰富卖场的陈列效果，提高卖场的存储商品量，叠放适合用于文化衫、正装衬衫、牛仔裤、毛衫等比较常规的款式品种，只需把设计的重点部分展示出来即可（图 2-17、图 2-18）。

扫码学习
裤子叠装常规造型

（一）叠装的陈列规范

（1）同季同类同系列产品陈列在同一区域（图 2-19）。

（2）陈列的商品要拆去包装，同款同色薄装 4 件 / 厚装 3 件一叠摆放（机织类衬衣领口可上下交错摆放）。

（3）若缺货或断色，可找不同款式但同系列且颜色相近的服装垫底。

扫码学习
裤子叠装变化造型

（4）每叠服装折叠尺寸要相同，可利用折衣板辅助，折衣板参考尺寸为 27cm×33cm。

（5）上衣折叠后长宽建议比例为 1:1.3。

（6）折叠陈列同款同色的服装，从上到下的尺码从小至大。

（7）上装胸前有标志的，应显露出来；有图案的，要将图案展示出来，从上至下应整齐相连。

扫码学习
T 恤毛衫常规折叠造型

（8）下装经折叠后应该展示尾袋、腰部、胯部等部位的工艺细节。

（9）折叠后的商品挂牌应藏于衣内。

（10）每叠服装间距 10 ～ 13cm（至少一个拳头的距离）。

（11）上下层板之间陈列商品，需要保留 1/3 空间。

（12）叠装有效陈列高度 60 ～ 180cm，60cm 以下叠放以储藏为主。尤其要避免在卖场的死角、暗角展示，陈列深色调的服装，可频繁改变服装的展示位置，以免造成滞销。

扫码学习
T 恤毛衫变化折叠造型

（13）叠装服饰就近位置设置相关的挂装展示及海报配合，或设置全身 / 半身模特展示具有组合陪衬效果。

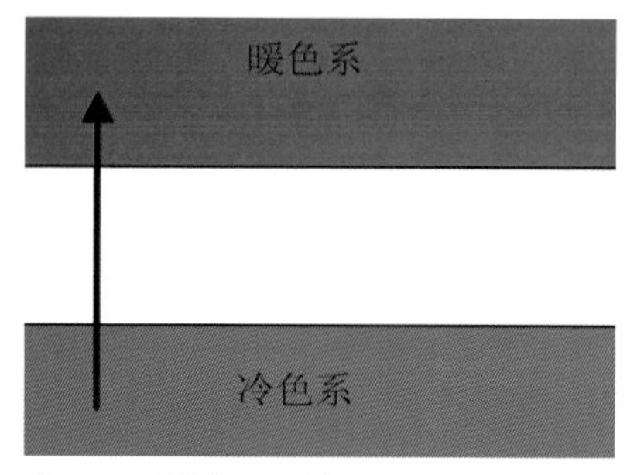

图 2-20　冷色在下，暖色在上的色彩排列

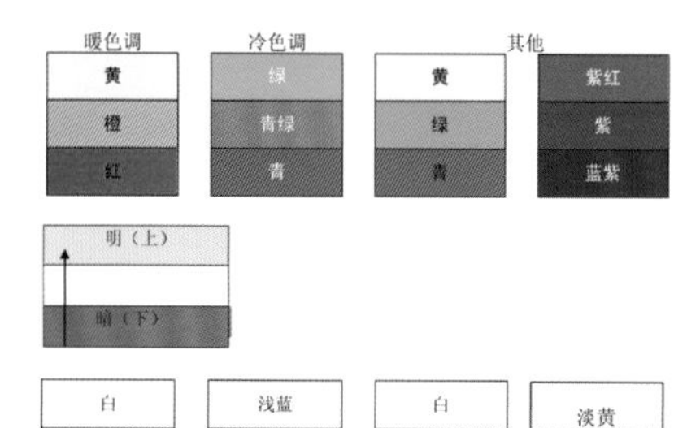

图 2-21　浅色在上，深色在下的色彩排列

图 2-22　叠装色彩陈列应用

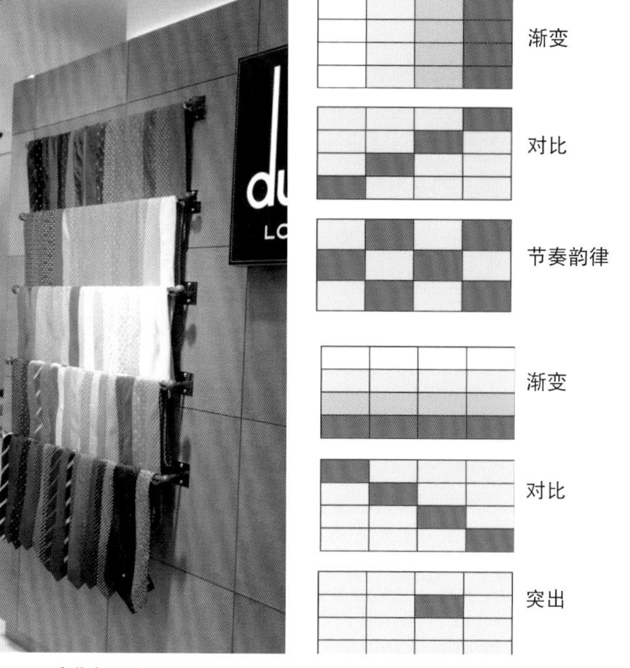

图 2-23　色块间隔，渐变和对比的色彩排列

图 2-24-a　渐变

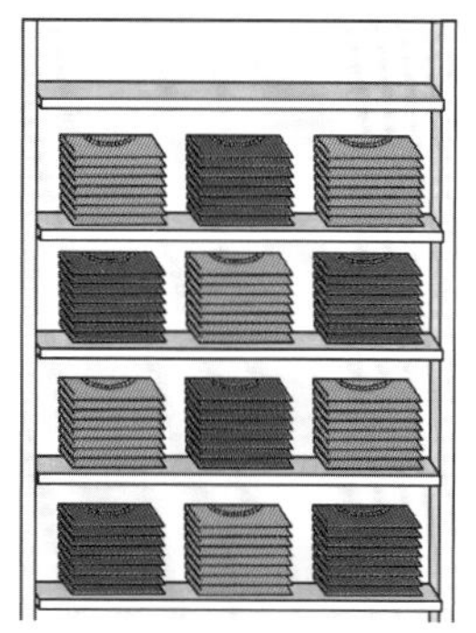

图 2-24-b　间隔

图 2-25　叠装间隔陈列应用

图 2-26　折衣板、衬衣板、大头针、衬垫纸在叠装中的使用

（14）避免滞销货品的单一叠装展示，应考虑在就近位置配搭重复挂装展示。

（15）过季产品应设置独立展示区域，同时明确配置代表性海报。不得将过季和减价货品与全价应季品叠装混杂陈列。

（二）叠装组合色彩规律

（1）从暖色到冷色的排列，一般是冷色在下，暖色在上（图 2-20）。

（2）从浅色到深色排列（图 2-21、图 2-22）。

（3）叠装的色块渐变序列应依据顾客流向，自外场向场内由浅至深。

（4）展示色块间隔，渐变和对比包含彩虹、琴键、近似效果（图 2-23 ~图 2-25）。

（三）叠装辅助道具

叠装辅助道具有折衣板、衬衣板、大头针、衬垫纸等（图 2-26）。

二、挂放陈列

挂放是最常见的陈列方式，挂放避免积压造成的皱褶，使服装平整，适合于各种类型的服装。挂放陈列又分为正挂、侧挂、单挂和组合挂。

扫码学习
正挂陈列造型

（一）正挂陈列

正挂是将衣服的正面朝前，可以看到服装的正面完整效果，适合展示服装的款式、装饰特点。正挂视觉效果突出，但是占用展示面空间较大。正挂的陈列规范有：

（1）避免滞销货品单一挂装展示，可适当配以陪衬品以形成趣味和卖点联想，并显示出搭配格调。

（2）过季产品设独立区域，并配置明确标志。

（3）套头式罗纹领针织服装衣架从下口进，避免领口拉伸变形。

（4）第一件通常做搭配陈列，以强调商品的风格，吸引顾客购买。如果同一挂杆展示多款商品时应该先挂短的款式，后挂长的款式（图 2–27）。

（5）上下装组合搭配陈列时，上下装套接位置要到位；如有上下平行的两排正挂，通常上衣挂上排，下装挂下排。

（6）衣架挂钩遵循问号原则（顾客主动线视角观察到的衣架衣钩缺口向内、向左）。

（7）商品挂牌应藏于衣内。

（8）服装排列从前到后，应用 3 件或 6 件进行出样，尺寸从小到大。

图 2–27　正挂陈列

图 2–28　侧挂陈列

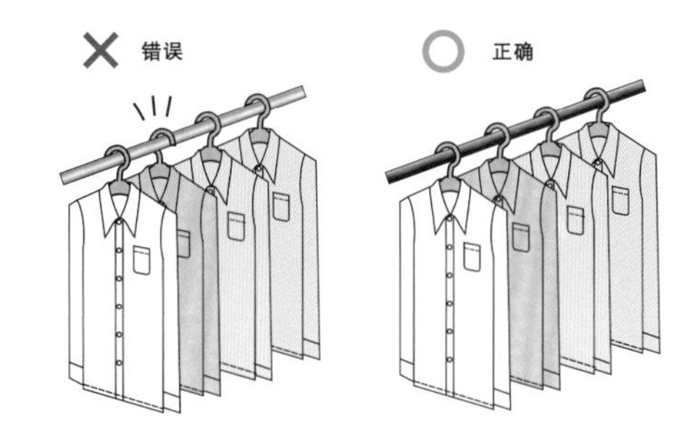

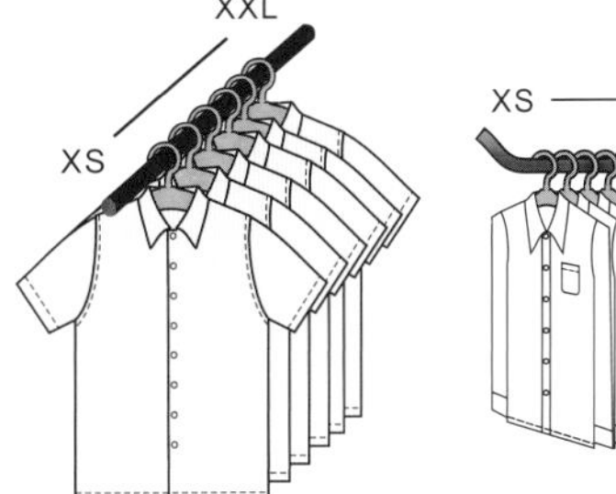

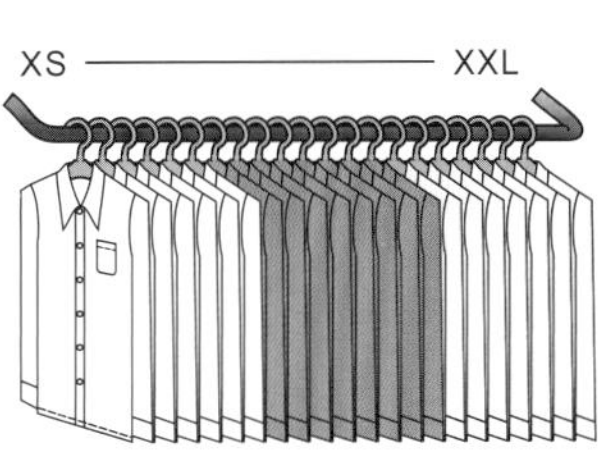

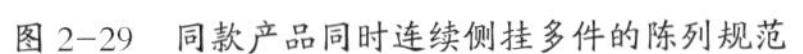

图 2–29　同款产品同时连续侧挂多件的陈列规范

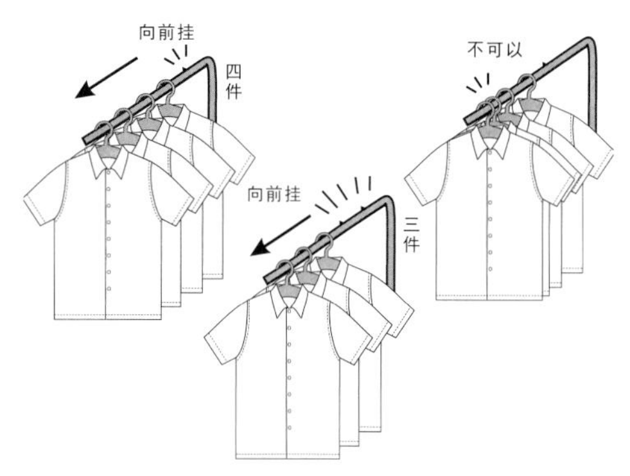

图 2-30 侧挂挂通间隔的陈列规范

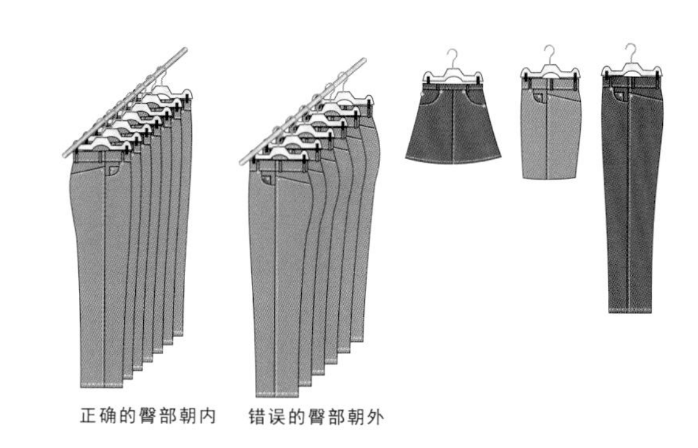

图 2-31 裤装侧挂规范

侧挂及变化挂放造型

（二）侧挂陈列

侧挂就是将服装侧向挂在货架横杆上的陈列形式，是一种比较常用的挂放方式。侧挂的特点是占用空间小，出样率大。但是侧挂不能直接展示服装的款式和细节，所以适合与其他展示形式结合采用（图 2-28）。侧挂的陈列规范有：

（1）同款同色产品同时连续挂 2 ～ 4 件（挂装尺码从左至右，尺寸从小至大；自外向内，尺寸由小至大）（图 2-29）。

（2）挂件应保持整洁，无折痕。

（3）钮扣、拉链、腰带等尽量到位。

（4）掌握问号原则，挂钩一律朝里。

（5）挂通侧挂不能太空，也不能太挤，建议每件挂钩间距 3cm，衣架之间要保持距离均衡（图 2-30）。

（6）裤装采用 M 式侧夹或开放式夹法，侧夹时裤子的正面一定要向前（图 2-31）。

（7）套装搭配衬衣展示时，裤装一般侧面夹挂。

（8）挂装展示，商品距地面不少于 15cm。

（9）侧列挂装区域的就近位置，应摆放模特展示或正挂陈列侧挂服装中有代表性的款式或其组合，还可以配置宣传海报。

（10）商品上的吊牌等物藏于衣内。

（三）挂装陈列形态规律

具体如图 2-32 ~图 2-35 所示。

（四）挂装陈列色彩规律

正面挂装色彩渐变从外向内或从前向后应由浅至深（图 2-36 ~图 2-38）；水平方向及侧挂色彩依据顾客流向，由浅至深。单个挂通上色彩可采用渐变或间隔（琴键）式排列。

挂杆陈列除了考虑颜色外，还应考虑到商品的款式设计和长短问题，陈列出节奏（图 2-39、图 2-40）。

（五）挂装陈列辅助道具

卡子：卡吊牌、卡衣服。

大头针：衣服造型、别衣襟、别袖子。

图 2-32　侧挂 4+4 模式排列的应用

图 2-33　侧挂 2+3 模式排列的应用

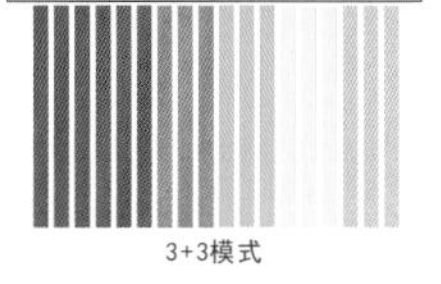

4+2模式

3+4模式

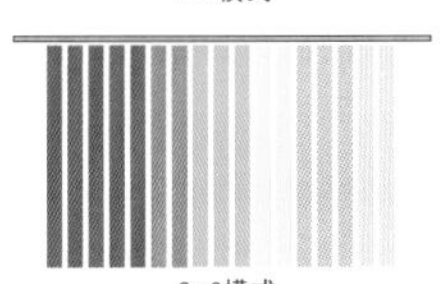

图 2-34　侧挂的排列规律 1

韵律

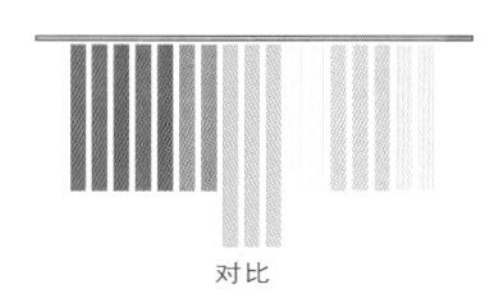

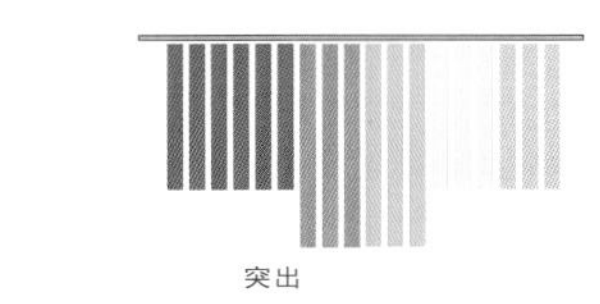

图 2-35　侧挂的排列规律 2

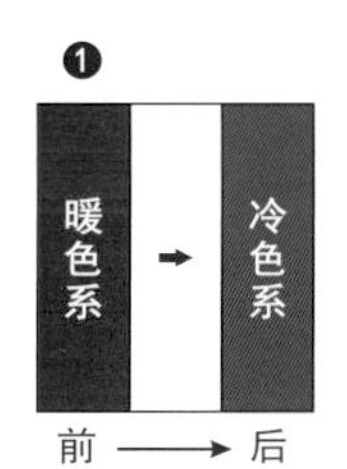

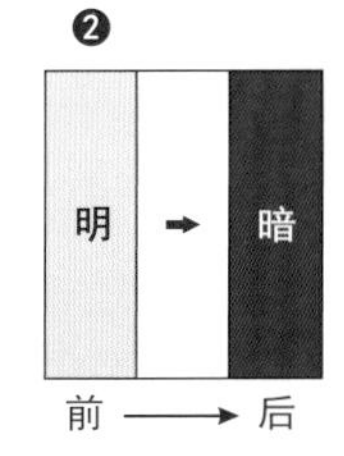

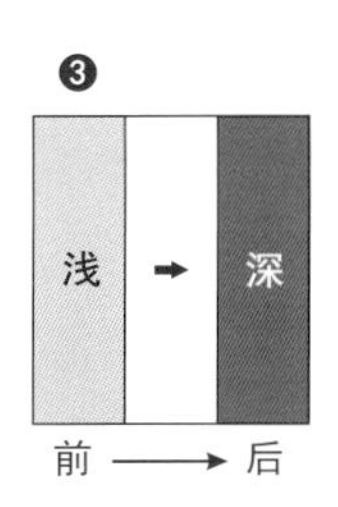

图 2-36　色彩渐变从前面向后由浅至深

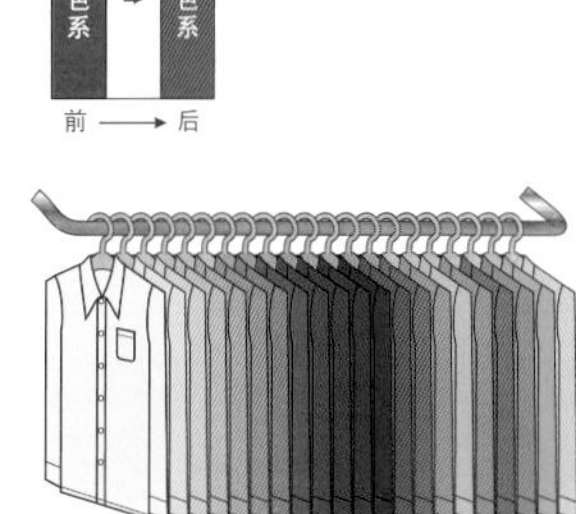

图 2-37　颜色渐变从外向内由暖到寒的陈列

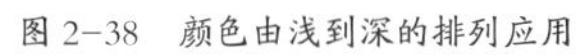

图 2-38　颜色由浅到深的排列应用

图 2-39　上下装组合侧挂陈列

图 2-40　不同款式组合的侧挂陈列

图 2-41　包装状态的平面展示

图 2-42　服装展开摆放的平面展示

图 2-43　服装平面展示搭配的整体性

三、平面展示

平面展示有两种情况，一是展示包装状态，以包装形态进行展示，考虑的因素为包装的样式、颜色、特点和排列方式等；二是将服装展开摆放在展示台平面上，主要考虑服装的款式和装饰细节（图 2-41、图 2-42）。

平面展示要考虑服装搭配的整体性，内外上下的穿着规律，要把设计点重点展示出来（图 2-43）。

木手模特造型

全身仿真模特造型

四、模特展示

（一）模特陈列规范

模特展示主要展现服装的整体搭配组合，反映当季的时尚流行或品牌最新的产品信息。模特陈列规范有：

（1）模特展示的是卖场的新款货品或推广货品，要注意其关联性。

（2）组合模特风格要一致；除了特殊设计，模特上下身都不能裸露。

（3）服装选用最合适的尺码，忌过大或过小。

（4）模特着装的颜色应有主色调，搭配多用对比色系陈列，用色要大胆，细节部分可以夸张一点，以吸引顾客的注意。

（5）为避免款式、颜色过于单调或污损商品，展示服装要定期更换。

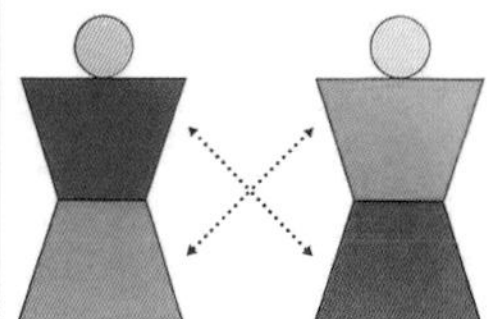

图 2-44　十字交叉法

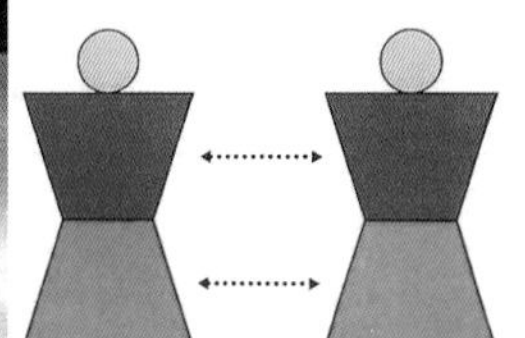

图 2-45　平行组合搭配

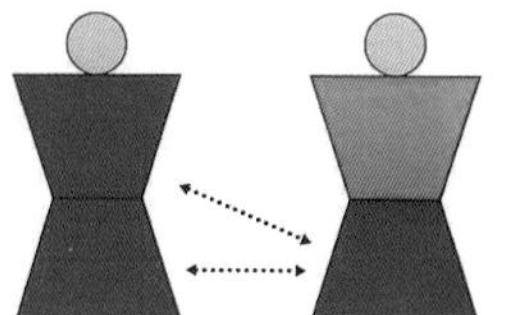

图 2-46　两个模特有一处公用色的搭配

（6）多应用与主题相关的配饰品，加强表现的效果，也可促进附加销售。

（7）模特身上不能外露任何吊牌或尺码，部分促销或减价商品除外。

（8）商品在穿着之前须熨烫。

（9）要模仿人真实的穿着状态，在穿着之后要整理肩、袖以及裤子，必要时用别针、拷贝纸做陈列效果，使表现的主题更为鲜明，更具生活气息。

（二）模特色彩陈列的方法

（1）十字交叉法（图 2-44），有一定呼应性的变化搭配。

（2）平行组合搭配（图 2-45），这种搭配是很有稳重感的搭配。

（3）两个模特有一处共用色的搭配（图 2-46），这种搭配是很有统一感的搭配。

（三）模特展示辅助道具

模特展示辅助道具有大头针（别针）、硫酸纸、针线（图 2-47）。

（四）模特摆放的空间结构

在模特的摆放上，要注意模特摆放的空间结构关系。摆放的结构包括多个服装模特之间的关系以及服装模特和道具之间的关系，具体表现在服装陈列中点、线、面、体的应用。就平面或立面而言，常用的摆放方式有一字型、三角形、不规则四边形以及梯形等构图方式；从摆放层次上看，常用错位放置、斜向放置或斜向、横向组合放置；从空间上看，常用有渐变、突变、中心透视或综合运用以上的摆放构成方式。在通过模特的摆放传递服装卖点时，要依据服装陈列的风格和服装所包含的文化内涵及功能，借助亲密接触、若即若离、遥相呼应等距离关系，对空间、饰物以及服装进行归纳安排，共同构成一个具有视觉美感的陈列空间（图 2-48、图 2-49）。

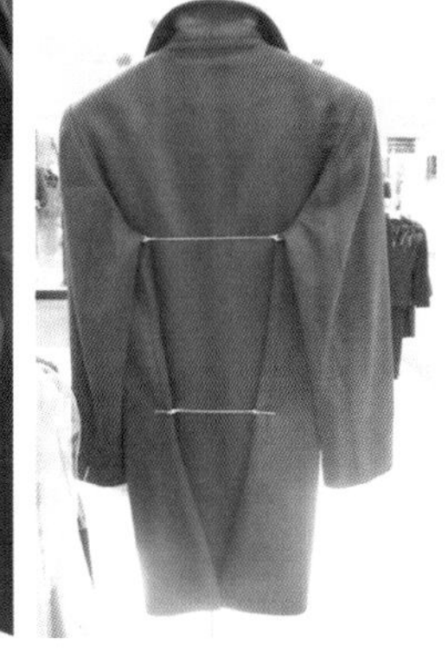

图 2-47　模特展示辅助道具

图 2-48　模特前后错位放置

图 2-49　模特一字型放置

图 2-50　饰品的重复陈列

五、饰品陈列

配饰品的特点是体积小、款式多，花色相对也比较多，在陈列的时候要强调其整体、序列感。陈列时可以和服装组合陈列，也可以单独陈列。

（一）饰品陈列要点

（1）在卖场中单独开辟饰品区进行展示，可安排在收银台旁边或更衣室附近，方便顾客连带购买。

（2）重复陈列可以产生强烈的视觉冲击力（图 2-50）。

（3）与人模和正挂服装进行搭配陈列，丰富系列与空间（图 2-51）。

（4））饰品分类陈列强调整体性，化繁为简。

（5）包、帽内应放上填充物，使其完全展示出形状，包带放在背面不外露，吊牌不外露（图 2-52）。

（二）饰品陈列辅助道具

饰品陈列辅助道具有大头针、填充物、专用支架等。

六、挂杆陈列

（一）挂杆陈列方向规范

（1）挂杆所挂服装的正面应与主通道线上顾客的视线正面迎望。

图 2-51　服饰品与人模进行搭配

图 2-53　人形模特与挂杆一起陈列，商品方向要保持一致

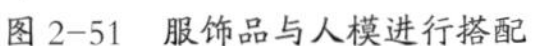
图 2-52　规范包的陈列，让橱窗整齐有序，并显得真实饱满

图 2-54　黄黑两色陈列

（2）人形模特旁边的挂杆，其上所挂服装的正面应与人形模特的视线方向一致。

（3）人形模特与挂杆一起陈列时，即便是前后都有通道的卖场，其后面商品陈列的方向也要与人形模特的视线一致，但最后一件应朝向后面的通道（图 2-53）。

（二）挂杆陈列数量规范

女性正装：挂杆长度如 1200mm，均匀悬挂 14 ~ 15 件；堆在一起时，要空出整个衣架 2/3 左右的空间。

连衣裙、上衣、下装：当这些品类服装的挂杆堆在一起时要空出整个衣架的 1/2 左右。

（三）挂杆高度规范

挂杆因其种类和大小而有所差异，定位挂件商品状态的高度标准，也会影响卖场的气氛和商店的形象。

上衣：挂杆高为 1100mm，从地板到商品的距离为 200 ~ 300mm 为恰当。

上衣 + 下装：挂杆高为 1600mm，从地面到商品的距离为 400 ~ 500mm 为好。

裤子：裤架高为 1300mm，从地面到商品的距离为 200mm 左右。

裙子：裙架高为 800mm，从地面到商品的距离至少 100 ~ 150mm。

（四）挂杆陈列方法

（1）上衣 + 下装的陈列：不同花纹的上衣和下装分别陈列。

（2）在一个挂杆上用色彩对比陈列时，最好不要超过两种颜色，这样才能以相互鲜明的对比传达明确的形象（图 2-54）。

知识点四：陈列组合构成

如果说吊、叠、挂、摆是卖场里最小的陈列元素，那么通过其组合形成的壁面构成、平面构成、空间构成和局部构成则是陈列师经过精心组合最小陈列元素的最小陈列单元。如果再对陈列单元进行精心设计和组合，则可成就千变万化的整体卖场。

一、陈列组合构成内容

（一）壁面构成展示

陈列面组合构成手法

1. 壁面构成展示的概念

壁面构成展示，就是在橱窗或店内的墙壁或粗柱子上装饰陈列展品，适合需要做充分展开状的服装陈列，如轻薄的衣饰或者为调整视觉而做的陈列小品。这种陈列方式可以根据壁面空间的方向、位置和大小的不同，灵活布局，使服饰陈列呈现出严谨的序列性和组合关系。

壁面陈列适合触摸和观赏，适用于不同类别和形态的展品，主要在于充分显现商品的平面形态、质地、肌理、图案纹样和花色变化。壁面陈列构成方式多样，如为了展示出人穿着般的形态以及色彩的趣味性，可辅以恰当的照明和背景衬托，给人以良好的注目性和视觉效果；也可依据商品的特点做陈列的构成设计，既可平面陈列也可立体陈列，以增加壁面的丰富感（图 2–55）。

2. 壁面构成展示的基本原则

壁面是最容易诱导顾客进入店内的区域，因此可以把最容易诱导顾客的墙面作为重点陈列面，在有效陈列范围的高度内，集中陈列应季或者主推产品。壁面构成要注意整个壁面陈列的平衡以及色彩的协调，系列展示是否清楚等问题。尽量避免使宽广的墙面显得单调，在重要墙面，可以安排标题性陈列。

图 2–55　橱窗壁面陈列

图 2–56　平面构成展示

其规律有如下两点：

（1）适合壁面展示的商品有：单品商品，如毛衣、女衬衫和T恤、背心、裙子、长裤等，将其组合效果更好；感觉轻薄的商品，如连身裙以及轻薄的两件式组合，最好展示出自然的穿着状态；成套的西装外套等。

（2）不适合壁面展示的商品有：轮廓简单、朴素的连衣裙，这类服装如穿在模特身上，可能会更好地体现出服装的风格特征；很可能会留下大头针痕迹的商品，如细纱的丝、化纤及棉等。

壁面陈列考虑顾客的视线是关键。高利润商品应陈列在顾客目视同等高度的货架上（150～160cm）；面积小的服饰品一般选择在中位或高位陈列视区。人的视线习惯由上往下看，因此，在较低的位置陈列没有问题；在手够不到的接近天花板高的壁面堆满商品，反而使宽广的墙面复杂化。

壁面少的店（如角店、三角店、四面开放性店），一般以货柜或展台陈列为主，虽然可呈现出商品的充实感及商店的个性，但可能欠缺层次感。像这样的商店应对不多的壁面做重点设计，则可以弥补不足。

（二）平面构成展示

1. 平面构成展示概念

平面构成展示就是在橱窗展台、店内的展台、货架、柜子的内部及上部等水平面做装饰展示。这种展示方式应用广泛，既适合外形大且有分量的商品陈列，也适合外形小且体轻的多品种、多规格商品陈列。一般将商品置于水平线以下的低位陈列高度，充分展示商品的立体形态与造型结构，还便于顾客拿取和观看。利用展台、展架的不同造型和高度变化，平面构成展示可创建多种多样的装饰效果。

2. 平面构成展示的基本原则

平面构成展示几乎适合所有的商品，以自然形态展示高级服饰效果较好，特别是毛皮衣服。在展示时应该明确介绍商品的特征，要让顾客清楚商品特有的设计，如服装的外轮廓、领子的形状、下摆的造型等（图2-56）。

为了使商品醒目，平面构成展示要注意选择背景的颜色。一般来讲，在展示浅色商品时，背景要暗，展示深色商品时背景要亮；在展示缺乏光彩的商品时，可用华丽的背景来衬托，相反，充满华丽色彩的商品其背景可使用无彩色（英文为Achromatic Color，是指除了彩色以外的其他颜色，常见的有金、银、黑、白、灰色）；有多个复杂色彩的商品，可用其中一个颜色做背景。

为了加强服装系列感和整体性，在做平面构成展示时，可使用饰品进行搭配，如围巾、首饰、皮包、腰带、鞋子等，一般搭配出半身效果或全身效果为宜。需注意的是配件与服装搭配的协调性，配件大一点的话能产生强烈的装饰效果。

（三）空间构成展示

1. 空间构成展示的概念

空间构成展示是指在经过人为创造各种形式围合而成的一定展示空间，利用各种展示技巧，对空间内的服饰、模特、道具等进行组合陈列展示，包括实体空间和虚体空间构成展示。其中，橱窗是实体空间展示的最佳场地；而将服装或道具悬空并以相应的姿态与造型吊挂，配合一定的陈列组合，给人以充分的立体空间感和良好的注目性，则为虚体空间构成展示。

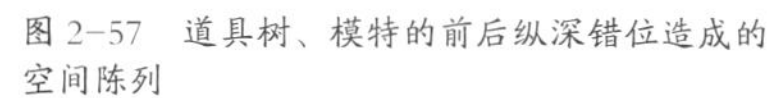

图 2-57　道具树、模特的前后纵深错位造成的空间陈列

图 2-58　衬衫领口的装饰表现

2. 空间展示的基本原则

空间展示的重点是展示立体效果，在配置上变化丰富，表现服装的深度、高低、褶皱变化、颜色变化，产生立体感。使用器具或表现技巧，利用眼睛的错觉作立体的陈列。空间陈列商品量不宜过多，商品的种类和色彩的搭配不能太复杂，要体现系列感。另外，要想突显陈列的商品，空间中空白的留置非常重要，因空白可以起衬托作用，使视线集中在商品上。

在较大空间展示时，分组来展示更容易出效果。组合时要考虑色彩的系列、服装的类别、用途等。数个陈列组合要有比例的区分，并在数量、高度、深度等方面作变化，展示多样美的效果（图 2-57）。

不适合空间展示的商品有：设计复杂、多褶皱的物品、丝绸之类的精致物品等。

（四）局部构成展示

为了展示成功，注重服装整体款式的搭配以及色彩的协调都是最基本、最重要的。然而，仅止于此仍是美中不足的，为了增强表现力，陈列师在陈列时，会在某些服装部位做局部重点装饰，从而产生趣味以吸引顾客的注意，也就是说要在服装的局部创造出人意料的造型，利用色彩的对比以及用一些小配件进行点缀，更能充分地表现出服装的特色（图 2-58）。

不同的陈列组合构成，形成了千变万化的陈列视觉效果，无论是哪一种陈列组合，都要考虑其数量、方向、形态、色彩等问题，以做出正确的陈列方式。考虑陈列数量时，要以各展品的“最低陈列量”为前提。陈列要有一定的数量，这样才易达到吸引观众的目的。服装陈列时，还要注意陈列方向。就像人的颜面一样，是给别人的第一印象，所以在展品陈列时，方向是非常重要的。

二、陈列组合构成形式

任何形态的构成都需要遵循统一与对比的基本原则，从构成学的角度讲，服装视觉陈列设计的构成形式就是呈现秩序的美感和打破常规的美感相结合的艺术形式。

图 2-59　模特对称陈列

图 2-60　均衡法陈列

图 2-61　曲线陈列

（一）对称法

在服装陈列上，对称法的运用指的是以中间为基准，向两边延续，两边形态在大小、形状、色彩和排列上具有一一对应的关系（图 2-59）。

（二）均衡法

均衡法指的是服装陈列以支点为重心，保持陈列面形态各异却量感等同的状态，使之达到力学上的相对平衡形式。平衡包含物理上力量的平衡和色彩、肌理以及空间等构成要素作用于人心理量感的平衡（图 2-60）。平衡可以更加有力地提升卖场的气势和动感。均衡法构成形式包含曲线构成、斜线构成、放射线构成等。

1. 曲线构成

曲线构成是以带状曲线为主导，整合点、面元素，形成优美生动、富有韵律感的空间环境，这种构成多运用于橱窗和流水台（图 2-61）。

2. 斜线构成

斜线构成使人产生纵深感和方向感，同时又具有速度感和力量感。由于斜线构成的方向性和力量感太强，使人容易产生不安定感，一般情况下，斜线构成多用于制造氛围的主题展示。

3. 射线构成

射线构成是围绕中心向四周发散扩展的构成形式，多用于展区的醒目位置。它能增加陈列空间的张力，呈现大气、明快、视觉冲击力强的特征。射线构成的运用主要是解决好中心形态和周边形态的统一性问题。

（三）重复法

在服装陈列上，重复法就是针对同一展区一种形态进行重复性的连续排列，其中服装、配饰和道具是最关键的可重复因素（图 2–62、图 2–63）。

图 2–62　服装重复陈列

图 2–63　展架重复陈列

一、填空题

1. 服装陈列色彩意义是：__________、__________、__________。

2. 陈列构成的原则有：__________、__________、__________、__________、__________。

3. 陈列色彩配置特点：__________、__________、__________、__________。

4. 陈列的形态构成包括：__________、__________、__________、__________、__________。

5. 在服装陈列上，对称法的运用是指：以中间为基准，向两边延续，两边形态在____________________具有一一对应的关系。

二、选择题

1. 常见的陈列色彩的搭配有：（　　）

A 同类色搭配

B 近似色搭配

C 强烈色搭配

D 对比色搭配

2. 深浅、明暗不同的两种同一类颜色相配，显得（　　）。

A 柔和

B 亲和文雅

C 比较强烈

D 鲜明对比

3.（　　）可以丰富提高卖场的存储商品量，适用于文化衫、正装衬衫、牛仔裤、毛衫等比较常规的款式品种。

A 挂放

B 模特展示

C 叠装

D 平面展示

4.（　　）主要展现服装的整体搭配组合，反映当季的时尚流行或品牌最新的产品信息。

A 侧挂

B 模特展示

C 平面展示

D 正挂

5.（　　）就是在橱窗展台、店内的展台、货架、柜子的内部或上部等水平面做装饰展示。

A 平面构成展示

B 壁面构成展示

C 空间构成展示

D 局部构成展示

《卖场陈列设计——服装视觉营销实战培训》

韩阳编著的《卖场陈列设计——服装视觉营销实战培训》，2012 年 1 月由中国纺织出版社重印。卖场陈列设计是成功完成终端销售环节并实现服装品牌的产品价值的一个重要因素，该书包括卖场构成和规划、陈列形态构成、陈列色彩构成、卖场照明、橱窗设计、商品配置规划、陈列管理等内容。作者曾长期在国内著名企业从事服装品牌的管理工作，其把多年的实战经验融汇在字里行间。

《立体构成训练》

俞爱芳编著的《立体构成训练》2008 年 3 月由浙江人民美术出版社出版。该教材系列的编撰者大都是中国美术学院毕业或清华大学美术学院早年毕业的专业教师或教授，这本书是他们十多年的设计教育理论与实践的结晶。该书从无到有、从平面到立体，从材料构成到形式构成，最后到形式法则，阐述详细，对构成画面的各种因素所带来的视觉张力、视觉心理、视觉通感、情境氛围等进行深入地分析、归纳、研究，揭示造型艺术形态元素的构成规律及个体情感传达的共性感受与普遍意义，能帮助陈列创意设计师激发灵感，开发创意和实践有很好的指导作用。

《艺术・设计的立体构成》

[日]朝仓直巳编著的《艺术・设计的立体构成》（修订版）（现代艺术设计基础“三大构成”教材），2018 年 10 月由江苏科学技术出版社出版。该书从立体构成的意义和目的、要素和材料的立体构成、结构、运动与错视、技法的开拓等几个方面进行阐述。书中所选案例来自艺术名作和学生作品，举例丰富，分析详细。虽然跟陈列没有直接关系，但是该书强调对学生的审美能力、创造能力和动手能力的培养，对陈列创意设计开发和实践有很好的指导作用。

项目3 卖场陈列布局与动线设计

项目引言

卖场陈列布局和动线设计对于一个店面，就如同城市规划对于一个城市，如果布局不合理，其所造成的影响是深远而严重甚至是致命的。卖场陈列布局和动线设计不但是配置合理商品结构的前提条件，也是促进消费者购买的极大诱因。

本项目知识目标为掌握卖场陈列空间构成要素、卖场陈列布局、顾客动线通道设计知识，能力目标为根据任务要求明确服装陈列布局工作的定位及内容，对陈列空间进行科学规划和卖场动线设计。

根据项目目标，本项目要求完成的任务如下。

任务五：

品牌服装卖场陈列布局与动线调研，完成服装卖场空间陈列布局练习。

项目实施

任务五：

品牌服装卖场陈列布局与动线调研，完成服装卖场空间陈列布局练习。

1. 任务目标

通过实际训练，学生掌握卖场空间陈列区的货品陈列布局方法以及掌握动线规划方法。

2. 任务五学时安排（表3-1）

表 3–1 任务五学时安排

	技能内容与要求	参考学时	
		理论	实践
1	任务导入分析	1	
2	必备知识学习	5	
3	卖场陈列布局和动线调研		4
4	卖场陈列布局和动线设计优劣势分析		2
5	卖场陈列空间调整设计		4
6	方案实施		2
7	方案评价、总结		2
合计		6	14

3. 基本实训程序和考核要求

（1）分组：每组 3 ～ 4 人。

（2）任务分析：对已获得的校企合作项目或教师自拟任务进行分解，通过调研和资料信息搜集，充分了解其品牌历史、理念、风格及产品特点等相关信息，掌握任务要求。

（3）卖场陈列布局信息采集与整合：了解卖场陈列空间布局情况及陈列规范。

（4）卖场陈列布局和动线设计优劣势分析。

（5）卖场陈列空间调整设计：方案设计充分考虑服装卖场产品构成，产品陈列布局、器架陈列布局规划合理，符合人体工程学，整体感强，符合卖场的商业运作规律。

（6）方案实施。

（7）方案整体评价和总结。

项目达标记录

项目总结

学习资料索引

知识点一：卖场陈列布局工作内容

一、卖场设计中各项工作内容

卖场综合设计与管理是一项复杂的工作。一个成功的卖场设计，主要取决于消费者生活方式和价值观念、目标顾客、企业理念、产品分类、产品构成、卖场构成、卖场产品布局、产品陈列、动线规划等几个因素及其相互之间的内在联系。

其中消费者生活方式和价值观念、目标顾客、企业理念、产品分类、产品构成等几个内容是卖场设计中的上游工作，属软性工作，需要理性分析。而这些工作水平的高低，很大程度上决定了卖场设计的成功与否。

至于卖场产品布局、产品陈列、动线规划、磁石点设计这些因素，则是卖场设计中的下游工作，强调计划性和技术性，更多表现为硬性的工作，是顾客可以切身感受到的部分。

具体表现在以下几个方面：

（一）消费者生活方式和价值观念

不同地域的消费者在生活方式、价值观念、收入水平、购买习惯、饮食习惯等方面存在着很大的差距，而卖场设计与地域消费者的需求有着直接而密切的关系。只有对商圈内消费者的生活方式、购买习惯、价值观念有充分的了解，才能创造出针对商圈顾客需求的带有生活提案的卖场设计。

（二）目标消费者和企业经营理念

确定了自己的目标顾客，这只是站在自己的角度上的一种认识，而这种认识只有得到顾客识别才有意义。目标市场的确立应具有双重的含义。首先，商家必须明确自己是什么性质的企业；其次，要让顾客认识到你是什么性质的企业。只有当两者一致时企业的经营才能展开。当企业确定了目标顾客，就要围绕目标顾客确立自己有别于其他企业的价值取向、经营概念和风格，传递企业文化和形象，从而让目标消费者识别企业经营理念。

（三）产品的分类和构成

产品是陈列起点和构成基础，同时也是卖场陈列的最终目的。企业的经营理念是通过卖场中的服装产品演绎和表现出来的。不同产品组合决定了卖场的性格和特征。因此，设计师对卖场进行设计时，应充分理解产品的特性、产品知识、区分重点产品、季节产品、新产品等，同时还要了解这些产品的购买对象以及他们使用这些产品时的生活场景，最终将服装卖点有针对性地凸显出来，并能吸引消费者进行购买。

（四）卖场产品布局与动线规划

如果说以上的部分是卖场设计中的策划部分，那么卖场产品布局、动线规划等则带有鲜明的计划特征。在策划阶段强调的是卖场设计中的理性分析，它是卖场中非可视的部分，而计划阶段则强调计划和实施，它是将企划中的思考在卖场中用视觉表现出来，使两者达到统一。这个部分之所以带有鲜明的计划特征，是因为它们与企业的销售计划、促销计划、宣传计划等连动进行，是通过各营销技术手段，在卖场的平面与立体的空间形成视觉效果。

二、卖场产品陈列布局

（一）卖场产品陈列布局的概念

卖场是企业与顾客以货币和商品进行交换的场所。卖场产品陈列布局，即产品布局、陈列布局。简单讲就是为达到经营目的，结合卖场内外综合情况确定各类商品用何种比例，何种陈列方式，陈列于何处的工作。

（二）卖场产品陈列布局目的

（1）. 最大限度地将销售的产品展现给顾客。这是卖场布局设计的首要问题。卖场的大部分顾客多以冲动性购买为主，而让顾客产生冲动性购买的前提则是看到商品。

（2）. 合理安排产品结构（品类及品项），充分展示产品及服务。

（3）. 合理设计动线，方便顾客选购及提高销售人员工作效率。

（4）. 塑造舒适的购物环境。

（三）产品陈列布局的步骤

产品陈列布局步骤包括：目标消费者购物研究、零售市场研究、竞争对手研究→卖场结构研究分析与规划→部门面积分配、调整、评估→卖场陈列布局设计、调整、评估→品类面积分配及陈列方式的确定、调整、评估→商品陈列实施。

1. 目标消费者购物研究、零售市场研究、竞争对手研究

内容十分广泛、复杂而重要，是做好合理、科学布局的首要任务和达到经营目的的有效保证。

2. 卖场结构研究分析与规划

了解卖场的结构特点，结合周边及卖场的长远发展规划，全面、充分、科学、前瞻地做出总体布局判断与计划。

3. 部门面积分配、调整、评估

各类商品的面积分配可以采用两种方法。一是陈列需要法，就是卖场根据某类商品所必需的面积来定，服装部和鞋部采用此法较适宜；二是利润率法，就是卖场根据消费者的购买比例及某类商品的单位面积的利润率来定。每一地区消费水平、消费习惯不尽相同，必须根据自己所处区域的综合特点做出商品面积配置的抉择。

4. 卖场陈列布局设计、调整、评估

陈列布局设计后，应结合实际情况，征求各方意见及时做出调整及评估，反复多次将有利于设计的科学、合理及前瞻性。

5. 品类面积分配及陈列方式

具体到品类的空间分配，应考虑各类产品的体积特征、品类的邻居、消费者花费的分配、竞争品牌品类空间的分配等要素。

知识点二：卖场陈列空间构成

作为服装商品交易的场所、卖场必须具有售卖服装、试衣、收银等功能。而基于简单和实用原则，根据营销管理流程，一般由店外空间和店内空间构成。

一、店外空间

店外空间设计包括店面招牌、路口小招牌、橱窗、遮阳篷、大门、灯光照明、墙面材料与颜色等许多方面。良好的卖场外部环境设计可以令顾客驻足留意，甚至“一见钟情”。人们可以通过店外空间看到品牌的风格与定位，以及经营内容和经营理念（图 3–1）。

由于商业的特殊性决定了店外空间最主要的目的是面向店外，展现销售信息给路过的人，因此在设计店外空间时要结合实地的空间条件，体现品牌文化理念。作为品牌文化形象的第一道窗口，店外空间传达的信息最好简单、明确、吸引人。在行走中的人对店面关注也不过是瞬间发生的，所有视觉信息要一目了然，一定要有创意（图 3–2）。

古语云：窥一斑而知全豹。许多潜在顾客也有这样的心理，店外空间就是整个卖场给顾客的第一视觉印象，就是卖场的浓缩展现的“一斑”，而入口传达的信息能不能引起顾客的兴趣，直接影响着该卖场的销售情况，所以利用店外空间部分的设计，可以“抓住”更多顾客（图 3–3）。

图 3–1　店外空间

图 3–2　店面招牌

图 3–3　可爱卡通的店面，以标准图样小熊的半身造型为门面，色彩靓丽，成为一道风景线

图 3-4　GUCCI 店名展示设计

图 3-5　店中店品牌的招牌设计

图 3-6　路易威登精美的橱窗或大或小、形式多样，分布在出入口两侧

（一）店面招牌

卖场的标志，基本上也是品牌的标志，是品牌视觉形象识别的核心。它通常利用卖场入口地面、门楣位置，或者结合灯箱做成竖面的店名放置在门店入口最醒目的位置，并采用品牌标准图形、文字，通过对其色彩、图形、材料等多种元素组合设计，突出品牌标志的特点（图 3-4、图 3-5）。

卖场的名字可以是独立的，与商品品牌无关。例如连卡佛，其内展出的是一些设计师作品和高端的时尚品牌，以及各种专门定制的艺术品。服装公司大多把产品商标与公司名称保持一致，便于宣传和商业运作。例如香奈儿和迪奥店，商品的商标就是销售店的名字，店内销售同一品牌的不同类型的产品。商品商标与卖场同名，非常便于消费者记忆，是经营者聪明的选择。

（二）橱窗

橱窗由模特和其他陈列道具构成一组主题陈列，形象地表达品牌的设计理念和卖场的销售信息。橱窗一般放置在卖场出入口的单侧或两侧，和出入口共同形成卖场的门面，当然它也可能单独存在于卖场侧面，形成一幅独立的风景线（图 3-6）。

图 3-7　出入口和橱窗被整合在一起，令人拍案叫绝

图 3-8　内嵌式入口

（三）出入口

通常出口和入口是合二为一的，并且和橱窗融合设计，相互呼应，不同的品牌定位，其出入口的大小和造型也有所不同。一般越是高级的品牌，出入口会越小一些，传递只为少数尊贵的客人服务的信息；休闲品牌相对而言，出入口会大一些。入口的空间形式有平开式空间和内嵌式空间两种，平开式空间的卖场入口开门和橱窗位于同一条线上，没有进深的差异；内嵌式的卖场入口与橱窗不在同一条线上，后退的开门与橱窗空间形成一个入口空间，导向性比较强。根据其卖场所在位置不同，入口设计方式也存在一定差别。

1. **平开式入口**（图 3-7）

出入口与店头平齐。

2. **内嵌式入口**（图 3-8）

从外面看，出入口店头凹进店内。出入口被店面包裹镶嵌在其内部。

3. **街边店（底商）店面入口**

街边店面一般都是在建筑建造成型时就完成了入口的形式，并且还受到建筑立面风格的局限，后期改造的可能性很小，所以对于这类卖场店面入口要因地制宜，在不影响建筑整体风格的情况下，外延店内风格、设计 LOGO 和橱窗，达到吸引顾客的目的。

4. **店中店店面入口**

店中店大多设置在大型商场内部，规划标准面积在 40 ～ 60 m^2，相对街边店，几乎不受建筑风格影响，但是多数会受到建筑楼层高度及商场形象要求的影响。一般楼层层高较低的店铺空间入口的形式不能太复杂，而且同一商场店中店店头入口和门楣设计会统一（图 3-9）。

（四）POP 看板

通常放在卖场入口处，用图片和文字结合的形式告知卖场营销信息（图 3-10）。

图 3-9　店中店的门面受到商场的总体规划的限制

图 3-10　POP 看板

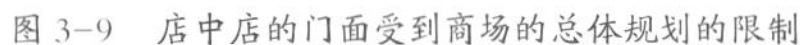

二、店内空间

店内陈列空间由三部分组成，即商品空间、服务空间、顾客空间。

卖场陈列空间构成——按营销管理功能划分

（一）商品空间

商品空间是指陈列展示服装商品的位置，是卖场的核心。设置商品空间的目的是方便顾客挑选商品、购买商品，有利于商品的销售。为达到销售目的，要充分挖掘商品空间的展示功能和存储功能，在尽可能多地利用空间、保证空间存放量的前提下，设置合理的陈列区域，并使商品空间的各个部分之间具有关联性和互补性。这样的展示效果，能引导顾客“步步深入”。自然而然地对商品有一个全面、深入的了解，才能有更多机会销售服装。

当然，不同的服装品牌根据自己的品牌特色和服装特点，都会在商品空间配备一些特定的展示器具。那么根据不同的分法，服装展示器架主要有风车架、圣诞树架、高架（高柜）、矮架（矮柜）、边架（边柜）、中岛架（柜）、裤架（筒）、饰品架（柜）等（图 3-11 ～ 图 3-14）。服装展示器具经过陈列师巧妙陈列组合，卖场的商品空间被划分为重点陈列区、量感陈列区和复合陈列区。

1. 重点陈列区

重点陈列区类似于敞开式橱窗，主要摆放重点推荐产品或表达品牌风格、设计理念等，通常位于卖场的入口处或者卖场显眼的位置，常用人模和展示台进行造型组合陈列。合理科学地设计重点陈列区，可以诱导消费者进店浏览，从而增加销售可能（图 3-15 ～图 3-17）。

2. 量感陈列区

量感陈列区的商品展示空间和选购空间往往是并存的，商品展示空间是选购空间的“展示窗口”，有时有人也会把它叫视觉冲击区，是协调和促进相关销售的魅力空间，是商品陈列计划的重点，起到展示本区域商品形象、引导销售的作用。

商品展示空间位置应在顾客视线自然落到的地方，如墙面上段的中心部分、货架上部、隔板上，服装商品通常是以正挂出样为主。

量感陈列区商品展示的原则是就近陈列，比如顾客看到一件米色的西服很满意，但是又想看看其他颜色的同种功能商品时，自然会在附近陈列的商品中找。所以，最好把款式、颜色和特征相似的商品组织调整在一起，这样才能起到刺激与联系销售的目的。

选购空间涵盖了店内的所有货架，一般指按照色彩、尺寸、面料等分类方式分区的存储空间，也是顾客最后形成消费的需要触及的空间，有时会把它称为容量区（图 3-18、图 3-19）。

图 3-11 圆形架

图 3-12 边架

图 3-13 造型陈列桌

图 3-14 货柜

图 3-15 从陈列到服装产品，无不体现了现代、极简、舒适、华丽、休闲又不失优雅的纽约生活方式

图 3-16 卖场的重点展台陈列，模特所穿服装和货架侧挂的服装，形成一定关联性，可让顾客在欣赏到模特穿着之后，很快找到相应产品

图 3-17　男装展台陈列，诠释了品牌所倡导的生活方式

图 3-18　圈定部分为展示空间，其余为选购空间

图 3-19　男装量感陈列区

图 3-20 日本某店铺复合陈列区

3. 复合陈列区

复合陈列是量感陈列和重点陈列混合的方法。以壁面陈列居多。重点陈列吸引顾客的视线，诱导他们进入卖场，进而到达量感区，最后达到销售的最终目的。复合陈列区是促进连动性消费的理想区域（图 3-20）。

（二）服务空间

服务空间是用来完成服装售卖活动，使顾客享受品牌超值服务的辅助空间。主要包括试衣间、工作台、仓库、操作间、休息区等，一般都是相对较差的位置，不影响正常销售。

1. 试衣间

试衣间是供顾客试衣、更衣的区域，包括封闭式的试衣间和设在货架间的试衣镜。它常常设在店内转角处，将视觉不利的位置合理利用。

2. 工作台

工作台是顾客收获服装、付款结账的地方，也是卖场销售人员的统筹全局的销售枢纽，是提供顾客服务、记录日常工作的地方。一般把工作台也称为收银台（图 3-21）。

图 3-21　女装的收银台

图 3-22　旗舰店贵宾休息区

3. 仓库

在卖场中设置仓库，可以在最快的时间之内完成卖场的补货工作。仓库的设置主要视每日卖场的补货状态以及卖场面积是否充裕而定。

4. 休息区

休息区一般放置椅、台、杂志、画册及 POP 等，是给顾客或其陪伴者歇息的地方。休息区的设置与否，需根据品牌的定位和营业面积的大小来确定（图 3-22）。

（三）顾客空间

指顾客参观、选择和购买服装商品的地方。通道设置的合理性，货架摆放的有序性，顾客行走路线、空间的舒适性都是促使顾客停留下来的重要条件。

知识点三：卖场陈列布局

卖场的商品空间、服务空间和顾客空间共同构成了一个完整的卖场空间。如果在卖场施工之际对卖场空间的陈列布局毫无计划，这不仅使卖场形象不易展现，而且容易造成橱窗及卖场气氛的不统一。卖场陈列布局规划的目的是通过认真研究卖场的空间结构特点，合理布局卖场的展示器架以及卖场内部墙体，从而营造良好的卖场氛围，增加进店人流量，延长顾客留店的时间，提升销售业绩。

1. 卖场设计的基本原则

（1）方便进入。

（2）方便购物。

（3）可自由比较商品。

（4）可自由选择商品。

明确了上述陈列布局的原则，再由店员参与、提出意见，拟定落实卖场空间的规划方案，使卖场的空间规划和布局设计充分表现展示的主题和销售目的，从而使卖场更具冲击力。

2. 尊重顾客的意见

完成卖场空间规划设计后，应站在顾客的立场上，详加检查、修正，方可实施。假设只依内部人员的意见拟定计划时，往往会倾向于卖场本身的需求，仅重视卖场方面的便利性、机能性。为避免这种情况，在拟定规划方案时不妨请顾客参与，听取他们的意见，接着再加以讨论。检查卖场空间布局方案的具体方法，可以在销售中每天挑选三名不同年龄段的顾客，以问答方式完成调查。

在卖场陈列布局中，要有全局观，要事先规划好整个卖场的布局，所有元素的配置都必须考虑到它们在使用的过程中会如何影响到那些还未使用的空间；整体的规划还要兼顾每一个细分空间，既各有特点又过渡自然，使最终的卖场陈列布局清晰，为顾客在店内购物起到很好的引导作用。

一、店外空间布局

店外空间是吸引消费者最重要的区域之一，决定了是否能将消费者吸引入店。不会因太多的出入口而占用营业空间。出入口一般在卖场门面的左侧，宽度为 3 ～ 6 m。出入口处的设计要保证店外行人的视线不受到任何阻碍而能够直接看到店内。店外空间在留出了出入口处之后，如果有剩余的场地，可以放置广告灯箱，或者设计品牌形象标志，用来宣传品牌与产品信息。有些品牌还会利用店外空间的外立面，进行创意设计，以此来加强与消费者的沟通和联系（图 3-23 ～图 3-25）。检验一个卖场店外空间是否优秀，可以从以下几个问题中找寻答案。

（1）信息传递个性是否鲜明，是否给人留下深刻印象。

（2）可识别性卖场销售商品内容能否在店面中看出来。

（3）店面设计是否使用当下流行信息。

（4）卖场的形象是否足够吸引人。

（5）诱导性设计是否具有诱导效应。

（6）宣传型卖场打烊后是否还吸引人。

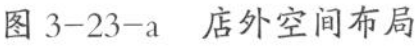
图 3-23-a　店外空间布局

图 3-23-b　门面

图 3-24　浪漫一身的门面

图 3-25　卖场外立面的灯光照明，足以使路人惊艳

（7）经济效应是否考虑资金投入。

（8）外观形象标志牌是否过多以至破坏整体形象。

（9）是否注意到店面造型与周围卖场及建筑风格的关系、综合考虑其比例、尺度、识别性与导向性，是否根据不同材质特征，正确运用材料的自然色和肌理质感，创造了自然生动的情趣。

二、店内空间布局

店内空间布局必须以人体工程学为理论依据，以人性化设计为着眼点，从人体尺度、人体生理、人体心理等几个方面来考虑。店内空间布局包含器架布局、卖场商品空间布局。

（一）器架布局

1. 立面空间陈列

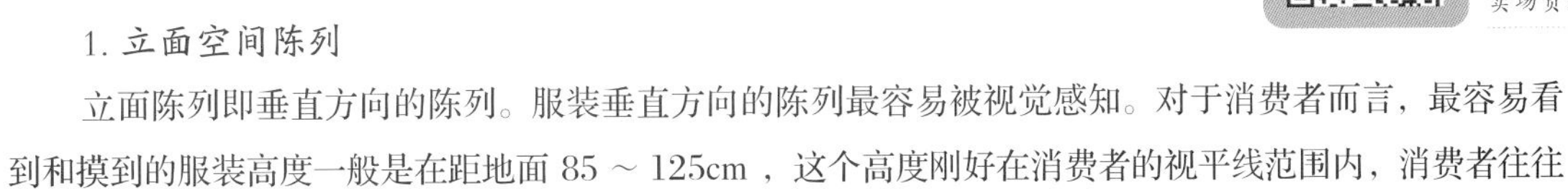

立面陈列即垂直方向的陈列。服装垂直方向的陈列最容易被视觉感知。对于消费者而言，最容易看到和摸到的服装高度一般是在距地面 85 ~ 125cm ，这个高度刚好在消费者的视平线范围内，消费者往往

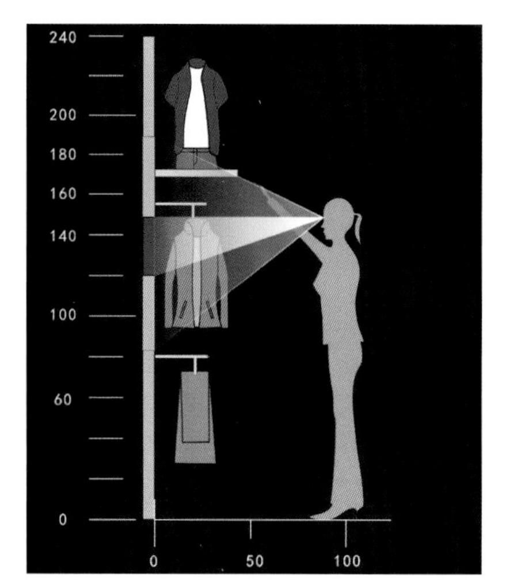

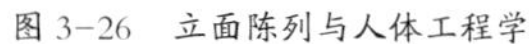
图 3-26 立面陈列与人体工程学

图 3-27 不同立面空间陈列布局

习惯在视平线范围内寻找感兴趣的产品，因此，店铺主推服装陈列在这里应是最有效的，是立面陈列的黄金空间；85 ～ 70cm、125 ～ 140cm 的高度范围也是比较容易看到和摸到，可以作为有效的陈列空间；70 ～ 60cm 的高度是稍微弯腰或稍微低头就可以取到或看到服装的位置；同样，140 ～ 180cm 的高度也是稍伸手或稍低头就可以取到或看到服装的位置，被称为准有效空间；而在 60cm 以下高度一定要低头才能看到服装商品。因此，这个空间主要作为存储空间或容量空间，用来放叠装产品比较合适。180cm 以上也是难以摸到的位置，但却是从远处容易识别的位置，是陈列展品的有效空间，可以称为展示空间（图 3-26、图 3-27）。

在立面陈列中，除了用人体工程原理来陈列相应的产品外，还要注意在视觉上能够使产品上下板墙陈列有一个过渡和衔接。

2. 平面空间陈列

促成消费者购物的一个重要前提是如何引导他们进入卖场，让他们快速找到想要的货品并且购买。在卖场靠入口的区域摆放体积小、高度低、容量少的器架；卖场中间的区域摆放体积相对较大、高度较高、容量较多的器架；卖场最深入的区域摆放板墙和体积最大、高度最高、容量最多的中岛器架。这样排列可以让消费者在有限的视觉和时间内尽可能多地看到陈列的商品，是促成消费者走进店铺的一个好办法（图 3-28）。

商品陈列要让消费者显而易见，这是达成销售的首要条件，让消费者看清楚商品并引起注意，才能激起其冲动性的购买心理。从服装产品与消费者关系的研究来讲，陈列设计需要特别的空间设计来达到“最大信息传送”和“最小视觉空间障碍”的对比需要（图 3-29、图 3-30）。

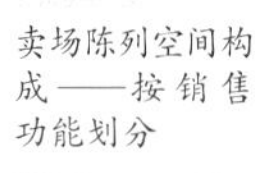
卖场陈列空间构成——按销售功能划分

（二）商品布局

当货架布局都已经安排妥当，剩下的就是在货架里面做“填空”，把对应的服装商品填空到货架空间里面。

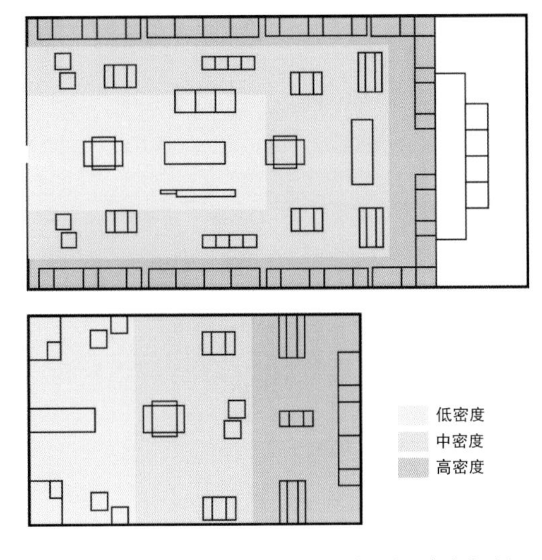

● 低密度外围区域：卖场最外边缘，最接近顾客自由通行的区域，是最能展现不同销售季节商品信息的重要区域
● 中密度中岛区域：卖场内直接影响客流走向的区域，充分表现某些品类的款式、数量、尺寸、颜色等
● 高密度壁柜展示区域：卖场内靠墙壁柜展示区域，商品通过挂、摆、叠陈列手法以及色彩分割让顾客一目了然

图 3–28 某卖场货架分布

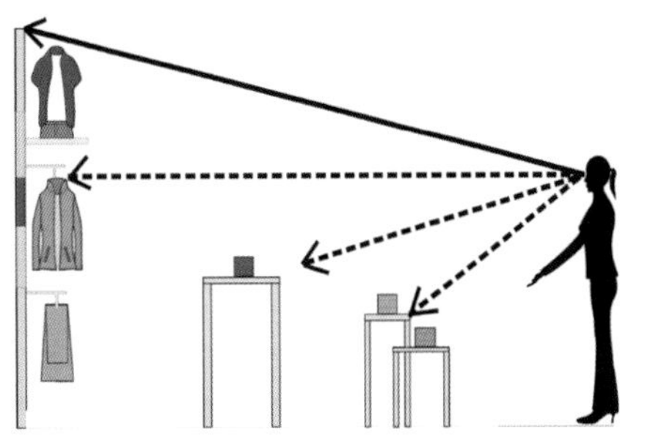

图 3–29 “视平线”范围内的有效陈列，可以提升销售业绩

图 3–30 在卖场入口看卖场，呈现在眼前的是各陈列器架由低到高布局

1. 等级规划

扫码学习
卖场陈列概念空间规划——卖场 VP、PP、IP 规划

卖场销售区分为 A、B、C 区。A 区为黄金区，是顾客关注度最高的区域。通常是位于卖场入口的陈列桌及卖场两侧第一组货架，是顾客最先看到或是走到的区域，它是对品牌的最初介绍，也会告知消费者，店内将会提供哪些产品。这也是唯一的一个好机会，能把最重要的信息明晰地传递给顾客。因此必须确保在黄金区域内呈现强而有力的产品陈列来激励顾客进入店内。B 区通常位于卖场中部的中岛、门架等陈列组合，是畅销的量贩区域，适合陈列 A 区撤下的货品、次新款、基本款。C 区是卖场中较偏、位于卖场后部、顾客最后到达或常被忽略的区域。适合陈列易于识别的款式、色彩鲜艳的货品或者是不受季节及促销影响的款式（图 3–31、图 3–32）。

2. 品类分区

品类较丰富的品牌会对品类进行分类并分区。比如既有男装、又有女装和童装的品牌，会把男装、女装、童装分开陈列。一些既有休闲装，又有商务装和潮流服装的男装，也会对其进行分区陈列。有组织地把货品进行归类陈列，可以使整个卖场呈现出产品的流动感，并方便顾客寻找所需的产品（图 3–33）。

3. 系列分区

将相同系列的产品陈列在一起，阐述完整的产品故事，方便顾客选购。系列产品区域的划分要注意体现分类的逻辑性，不同系列之间的过渡要非常流畅自然。比如耐克（NIKE）系列产品，因为每个系列都会涉及体育运动，所以产品系列的布局应当从运动系列产品开始，接着再是运动生活系列产品（图 3–34）。

卖场销售性区域划分：

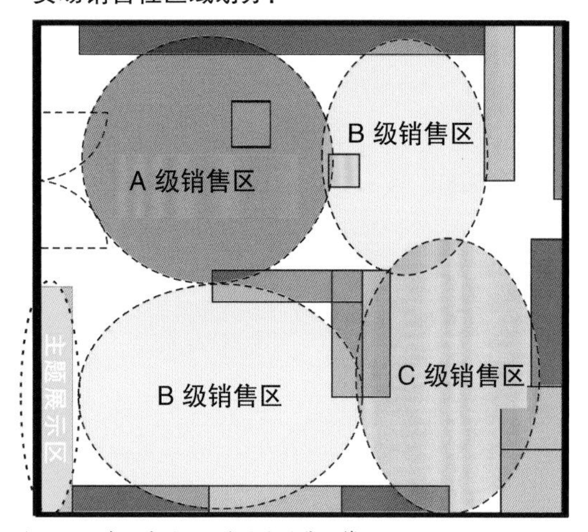

图 3-31 卖场布局往往会决定销售区等级

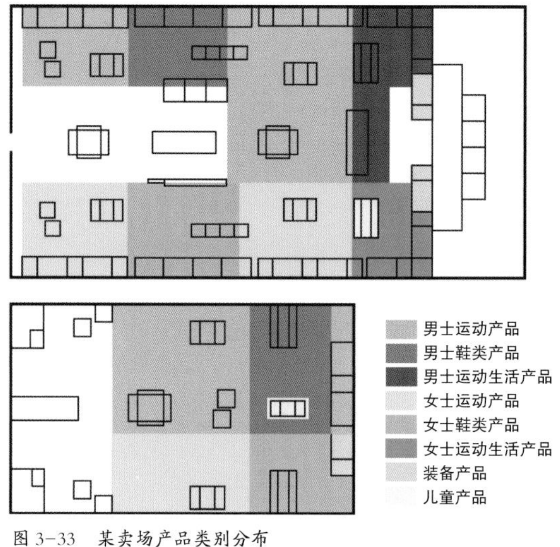

图 3-33 某卖场产品类别分布

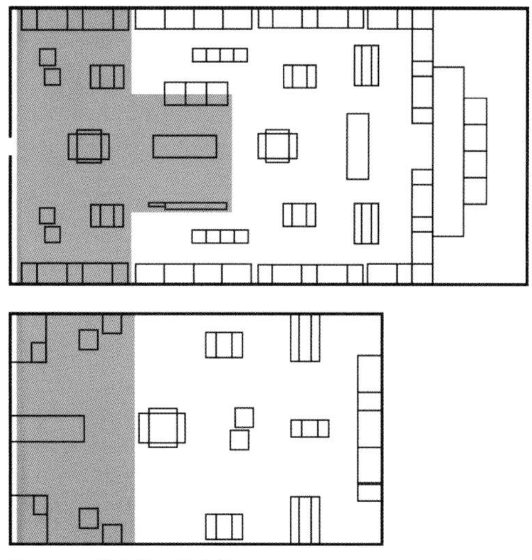

图 3-32 某卖场 A 区分布

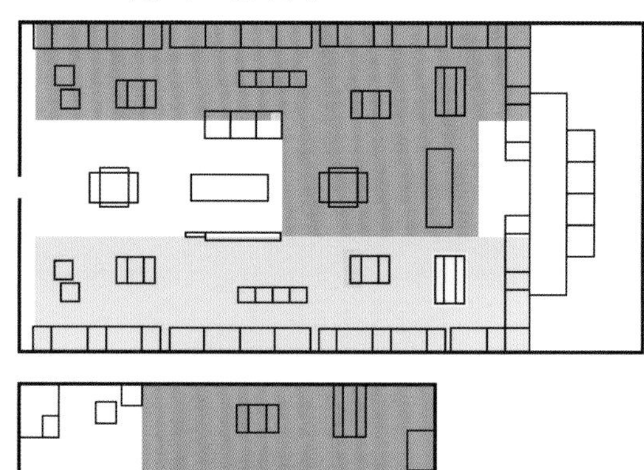

图 3-34 某卖场的系列分区

4. 色彩分区

将相同或相近色系的产品陈列在一起，讲述产品色彩故事。

5. 尺码分区

一般用于断码促销店。

6. 价格分区

一般用于特价促销店。

（三）服务空间布局

服务空间是非主要产生利润的区域，它通常设置在视觉效果相对较差的出入口附近或者角落，高效利用空间的同时利于人员对出入货品的有效监控。

休息区通常设置于靠近试衣间的位置，是为顾客提供服务与了解顾客需求的场所，还是个能让顾客看了画册有主动了解品牌欲望的区域。

知识点四：卖场动线通道规划

扫码学习
卖场通道及
动线设计

卖场的动线通道设计是与空间规划紧密相连的，其主要考虑顾客的流动方向、顾客的购买时限、顾客的停留移动范围和商品的种类、商品的生命周期、商品的陈列区划分。合理安排顾客动线通道，可以减少人流的交叉、迂回，避免人流量较大时出现拥挤和堵塞，使顾客在参观时感受到空间带来的韵律感和节奏感。

动线包括顾客动线、店员动线、后勤动线。其中，顾客动线是指顾客在商店内移动的路线。顾客动线设计是指在固定的空间里设计人流走动的主体方向，让消费者按照设计者事先设计好的路线流动。顾客动线越完整越连贯，越能使顾客走遍全场越好；店员动线是导购人员招呼顾客、解说产品、促销的路线，距离越短越好；后勤动线是进行铺货、补货、物流等工作的路线，距离短且不影响销售工作为最好。

通道分主通道与副通道。其中，主通道是贯穿全场的中心通道，位于中央展台周围，宽度一般 80 ~ 150cm。主通道的作用是应用无声的物品布置，影响顾客，引导人流走向，并让其自由获得信息。主通道人流量较大，单人逗留时间短。反之，人流驻留时间较长的是副通道。副通道是顾客移动的支流，宽度一般在 60 ~ 90cm，副通道的作用是让用户详细了解和体验产品，是产生销量最大的地方。在副通道，销售员可影响顾客，使其加深认识和产生欲望。图 3–35、图 3–36 为顾客不同的购买场景所需要的通道宽度。

一、通道规划

规划顾客动线的基本内容就是规划卖场通道，通道规划的合理性是卖场人流流畅的基本保证。规划通道的程序如下。

第一步，设定主通道：为了让顾客浏览到卖场的所有角落，主通道必须先确立，顾客习惯浏览的路线即是店内的主通道。大型卖场为井字或环形，小卖场为 L 或反 Y 字型。主打产品应陈列摆放在主通道的货架上，使顾客容易看到、摸到。

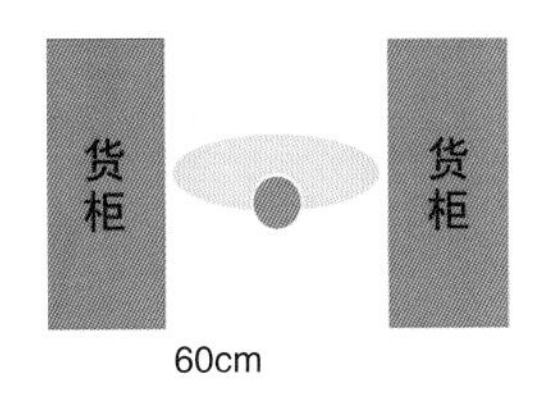

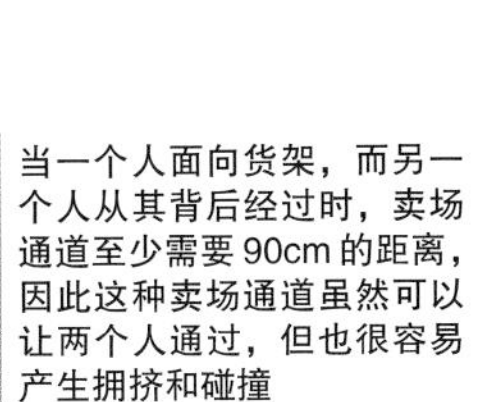

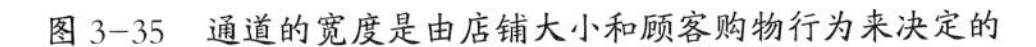
图 3–35　通道的宽度是由店铺大小和顾客购物行为来决定的

货柜　货柜
120cm
当两个人正面相向而行，此时的距离至少需要 120cm

货柜　货柜
150cm
当一个人停留在货架前，两个人同时相向而行，此时的距离至少需要 150cm

图 3–36　通道的宽度是由店铺大小和顾客购物行为来决定的

第二步，设定副通道：一般副通道由主通道引导，使顾客到达不同的商品区域，副通道的数量和形态不定，依照卖场的个别需求及空间决定。

第三步，依照主、副通道的方向将主力商品、辅助商品及其他类型的商品区分排列。

第四步，付款动线与通道：将收银柜作为动线的收尾。其他如照明设备、标志、色彩、美化陈列设备（如展示桌）等，不要影响整体的店面空间设计。

在通道规划设计中要以人体工程学的研究为数据基础，除此之外，我们还要注意以下一些通道设计的规律和方法，以此帮助我们完成更加科学合理的总体的卖场规划，如图 3–37 所示通道规划应用。

（1）入口处的通道不能太拥挤，以免影响进店率，也不要有太多叉路可行。

（2）靠近墙面的通道大都比较宽，保证顾客在卖场里能顺利通行。

（3）通道大小可以作为区域划分的重要手段，最宽的通道往往是商品或区域划分的天然分隔线。

（4）中岛货架间的通道不一定要很宽，但决不能很窄，最好不能低于 90cm。

（5）收银台前面的空间一定要宽一些，至少应在 150cm 以上，以免影响顾客通行和收银。

（6）中央陈列位置不宜过高，尺寸配合过道，使顾客行动流畅方便。

（7）应加强后部照明。

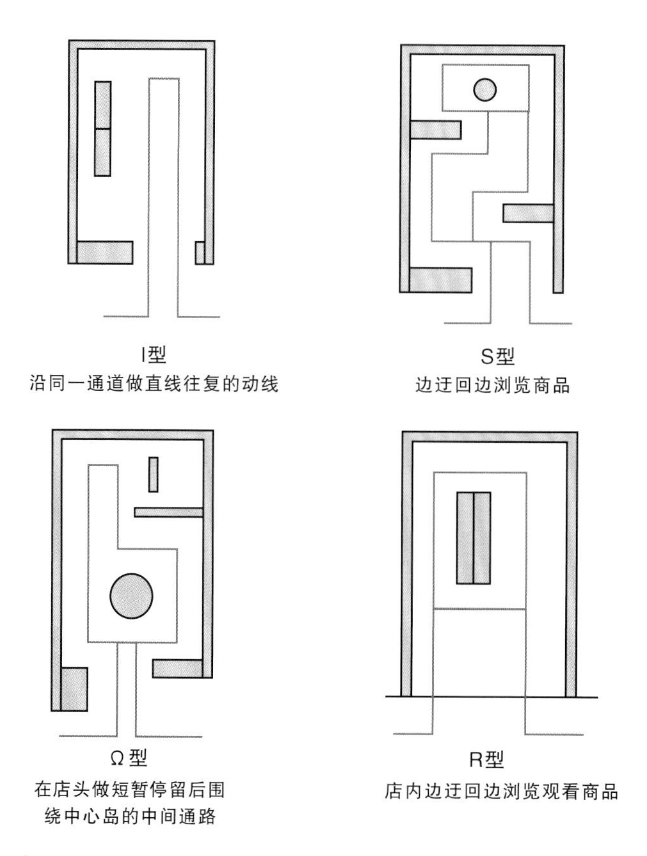

图 3–37　通道规划平面图

二、磁石点规划

通道的宽窄和舒适程度，会影响消费者的进店频率及顾客的客流动线，因此有必要通过考虑消费者追求舒适、新奇、安全、便捷的生活习惯，利用服装色彩、形态的变化以及光线明暗的变化等设计合理的磁石点，为顾客动线的流向提供引导。

（一）磁石点理论

磁石点是指在卖场中最能吸引顾客注意力的地方，配置合适的产品以促进销售，并且引导顾客逛完整个卖场（死角不应超过 1%），以提高顾客冲动性购买比例（冲动购买占 60% ～ 70%）。

服装卖场商品配置规划

（二）磁石点设置

1. 第一磁石点：主力产品

第一磁石点位于主通路的两侧，是消费者必经之地，也是产品销售最主要的地方。此处应配置的商品为能吸引顾客至卖场内部的商品（图 3–38）。

2. 第二磁石点：观感强的产品

第二磁石点位于通路的末端，通常是在卖场的最里面（图 3–39）。第二磁石点产品负有引导消费者走到卖场深处的任务。在此应配置的商品有：

（1）最新的商品。消费者总是不断追求新奇。10 年不变的产品，就算品质再好、价格再便宜也很难出售。将新品配置于第二磁石的位置，必会吸引消费者走入卖场的最里面。

（2）具有季节感的产品。具有季节感的产品必定是最富有变化的，因此，卖场可借季节的变化做布置，吸引消费者的注意。

（3）明亮、华丽的产品。明亮、华丽的产品通常也是流行、时尚的产品。由于第二磁石点的位置都比较暗，所以配置华丽的产品来提升亮度。

3. 第三磁石点：端架产品

端架是面对着出口或主通路的货架端头，第三磁石点产品的基本作用就是要刺激消费者，留住消费者。

图 3–38　通道边第一磁石点设置

图 3–39　右边的挂通上都是侧挂，唯独主通道的尽头有一款衣服是用模特穿着的，有别于其他服装的吊挂方式，是否连店主都很倾心呢？

通常情况下可配置特价品、高利润的产品、季节的产品、购买频率高的产品、促销产品等（图3-40）。

图3-40 蔻驰入口处的陈列桌，陈设的是当季新款

4. 第四磁石点：单项产品

第四磁石点指卖场副通道的两侧，主要让消费者在陈列线中间引起注意。这个位置的配置，不能以产品群来规划，而必须以单品的方法，对消费者表达强烈诉求。可配置的产品有热门产品、特意大量陈列的产品和广告宣传产品（图3-41）。

图3-41 第四磁石点陈列

5. 第五磁石点：卖场堆头

第五磁石点位于工作台（收银区）前面的中间卖场，可根据各种节日组织大型展销。

要强调的是，在服装卖场，让顾店尽量在卖场多停留，使顾客能浏览到每个墙面的产品主推，在卖场的每个高柜或高架都也都要设计磁石点（图3-42）。

图3-42 每一个墙面上都有磁石点

卖场陈列的布局与动线设计是灵活多变的，陈列设计师要根据卖场的面积、形状、目标顾客的购物习惯、购物心态、视觉规律、产品的定位、产品组合等要素进行深度的分析，才能确定卖场形象设计中的货架设置，顾客行走动线。而“磁石点”的作用在于依靠在整个卖场中创造视觉焦点，引导顾客有序地逛完整个卖场，达到增加顾客购买率的目的。

一、填空题

1. 店内空间由 ________、________、________ 三部分组成。

2. ________ 往往是商品展示空间和选购空间并存的，商品展示空间是选购空间的“展示窗口”，有时有人也会把它叫 ________。

3. 复合陈列是 ________ 和 ________ 混合的方法。

4.________ 的陈列最容易被视觉感知，对于消费者而言，最容易看到和摸到的服装高度叫陈列的 ________，这个黄金位置一般距地面 ________ 的高度。

5. 卖场销售区分为 ____________ 区。A 区为 ________，是顾客关注度最高的区域。

6. ________ 是指在卖场中最能吸引顾客注意力的地方，配置合适的商品以促进销售，并且引导顾客逛完整个卖场（死角不应超过 1%），____________（冲动购买占 60% ～ 70%）。

二、选择题

1. 卖场产品陈列布局的目的是：（　　）

A 最大限度地将销售产品展现给顾客。

B 合理安排产品结构。

C 合理设计动线，方便顾客选购及提高服务销售人员工作效率。

D 塑造舒适的购物环境。

2.（　　）是品牌形象的第一道窗口。

A 出入口

B 橱窗

C 店外空间

D 店面招牌

3. 卖场设计的基本原则（　　）

A 方便进入

B 方便购物

C 可自由比较商品

D 可自由选择商品

4.（　　）是难以摸到的位置，但却是从远处容易识别的位置，是陈列展品的有效空间，可以称为展示空间。

A 180cm 以上

B 140 ～ 180cm

C 125 ～ 140cm

D 85 ～ 125cm

5. 动线包括（　　　），其中顾客动线是指顾客在商店内移动的路线，顾客动线愈完整愈连贯，能使顾客走遍全场愈好。

A 顾客动线

B 店员动线

C 后勤动线

D 磁石点动线

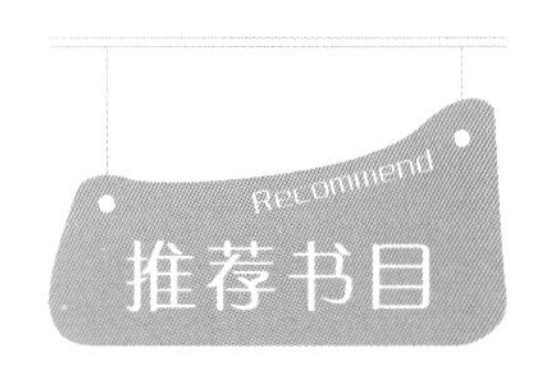

《卓越陈列师实战丛书——陈列规划》

林光涛，李鑫著的《卓越陈列师实战丛书——陈列规划》，2015 年 6 月由化学工业出版社出版。该书以陈列规划的空间、时间、商品、表达方式（陈列手法）、顾客五个关键因素展开，通过绘制大量可操作性极强的实用的工具图表，直观展示有代表性的品牌分布在世界各地的店铺照片进行举例与说明，图文并茂地对每一个因素进行了分析与总结，进一步明确了陈列规划实际工作的核心内容和关键点。最后一章以操作性极强的整年 12 个月的 VM（陈列规划）规划实例对全书内容进行了系统归纳呈现。该书对如何通过 VM（陈列规划）来推动品牌的商品经营绩效、大幅度地提升店铺的零售额和利润有很好的指导意义。

《服饰卖场陈列实景模拟训练手册》

韩阳著的《服饰卖场陈列实景模拟训练手册》，2014 年 5 月由化学工业出版社出版，该书为服饰陈列实训图书，采用直观的模拟手法，将服饰品牌卖场、服装产品、卖场道具等按实际比例进行微缩，读者可以按图书使用说明进行模拟卖场陈列的实景模拟演练。全书在服装色彩、造型及类别的设置上，综合考虑了实际卖场情况，能够让读者进行不同服装之间、不同服装和陈列道具之间的灵活组合搭配，可以适合服饰陈列工作者不同难度的练习。在进行模拟服饰陈列训练时操作简便，避免了真实服装道具笨重、携带不便的情况，能让读者在短时间内迅速掌握服饰卖场陈列的知识点，高效提升读者对卖场的空间规划、产品规划、色彩规划、造型规划的协调性和把控能力。

项目4 卖场陈列氛围营造

项目引言

有研究表明，原来不打算买东西的顾客因为受到店面氛围的感染而购买的比例占到53%，而这一数字还有增加的趋势。

所以说，营造目标消费者喜欢的、有氛围情调的陈列空间，不仅能吸引消费者的注意，让消费者感受到品牌的无穷韵味和深刻内容，还能在一定程度上促进商品的销售数量和销售额的提升（图4-1、图4-2）。

本项目需要掌握的知识包括基础灯光照明、道具、POP海报等的选配方式和原则，掌握的技能包括根据任务进行合理的布光、道具创意制作以及海报设计等。

基于以上的项目要求，完成的主要任务如下。

任务六：

根据给定的任务，设计开发系列道具。

图4-1　韩国ZIOZIA运用线性灯光装饰卖场外立面，强调了品牌的简单、时髦和别具一格

图4-2　暖色灯光、木质家具以及毛衣，在飒爽的秋季让人感受到了温暖舒适

项目实施

任务六：根据给定的任务，设计开发系列道具

1. 任务目标

通过任务练习，掌握系列道具设计开发方法，提高学生对材质的驾驭能力和道具开发的创意及动手能力。

2. 任务六学时安排（表 4–1）

表 4–1　任务六学时安排

	技能内容与要求	参考学时	
		理论	实践
1	任务导入分析	1	
2	必备知识学习	4	
3	道具相关信息采集与整合	2	4
4	系列道具创意设计		4
5	道具结构图绘制		1
6	陈列道具制作		8
7	陈列道具规范和手册制作		4
合计		7	21

3. 基本任务程序和考核要求

（1）分组：每组 3 ～ 4 人。

（2）任务分析：对已获得的校企合作项目或教师自拟任务进行分解，通过调研和资料信息搜集，充分了解其品牌历史、理念、风格、陈列产品特点等相关信息，掌握任务要求。

（3）道具信息采集与整合：了解道具流行趋势、合作品牌历次道具设计方案。调研总结内容详实，搜集的资料和信息真实有效，对道具方案的设计开发有一定的参考价值。

（4）系列道具创意设计：通过对任务分析、服装道具市场调研，确定道具开发主题，并通过使用不同材质开发 2 ～ 3 个设计方案。要求方案设计风格与品牌风格一致，主题道具与产品风格吻合，方案色彩协调，造型别致，系列感强，效果良好，主题突出，有创意性。

（5）道具结构图绘制：对道具设计方案进行可实行性的分析和选配，最终确定道具制作方案，绘制结构图。要求：利用电脑辅助设计软件制作，标注道具使用材料、比例尺、尺寸等，达到画面干净、尺寸绘制准确、表达清晰、内容完整。

（6）道具制作：制作精致美观，有一定的创意性和市场价值。

（7）方案整体评价和总结。

项目达标记录

项目总结

学习资料索引

知识点一：灯光照明

在卖场营销中，灯光就像货架陈列一样，是卖场中的一部分，在大型的旗舰店中甚至起着举足轻重的作用。阿马尼、古驰、高田贤三、雨果博斯等国际知名品牌的设计师在灯光设计上更是做足了文章，利用大量的戏剧化的灯光设计创造了许多难以置信的卖场氛围。

好的灯光照明能增强商品的色彩与品质感、烘托商品的气氛、改变空间的视觉感受和设计风格，同时能吸引购买者的注意力。但无论是何种戏剧化的设计手法，灯光的设计都是以掌握光学知识和照明知识为前提的。

一、光学术语

光是能量的一种存在形式，当光在一种介质中传播时，它的传播路径是直线，故而称为光线。光以电磁波的形式进行传播，光作用于人的肉眼时能够引起人的视觉。可见光的波长范围约为 380 ～ 780nm。不同波长的可见光会引起人的不同色觉，将可见光展开，依次呈现紫、蓝、青、绿、黄、橙、红。

与陈列相关的光学术语主要有：

光亮度：光源发出的光的强度。它表示光源在一定方向内发出的可见光辐射强弱的物理量。光亮度又称光强度，符号为 I，单位为烛光（也称坎德拉，符号为 cd）。

光通量：又称“光流”，符号为 F，是指在单位时间内通过一定光的量。光通量是光源射向各个方向的光的能量的总和，是人眼所感觉到的发光的功率。光通量的单位为流明（符号为 lm）。

照度：指被照面上单位面积接受光通量的密度，符号为 E。光照度的单位为勒克斯（符号为 lx）。1 勒克斯是在一平方面积上均匀分布着流明的光通量而达到的照度。

眩光：指在时间与空间上不适当的亮度分布、亮度范围和极端对比等，降低了视知觉的能力，产生视物不清和刺激的晃眼，引起心理的不适，这种晃眼的光称为眩光。

光幕反射：指有光泽展品，因光照后表层面相互反射，产生失真的雾状现象称为光幕反射。

镜像反射：因光照在类如玻璃等光泽平滑的面上，映现观者与周围环境的影像，称为镜像反射。若展品亮度与环境亮度之比相当 3:1，此种反射可以消除。

发光的数值：指单位面积上发光的光通量，符号为 H，单位为 lm/m^2，H=F/S（发光数值 = 光通量 / 发光面积）。

发光效率：又称“单位功率”。指在一定的电输入容量下，光源可发出的光通量数值。这一数值表明了光源的质量和效率。发光效率的计算单位为流明 / 瓦（lm/W）。

光色气氛：人们之所以可以感觉出物体的颜色，是因为该物体吸收了其他波长的光，而只反射出它固有颜色光波的缘故。人造光源因材质与使用技术不同，会产生各异的光色效果，而光色效果的品质是由“色温”来决定的。展示气氛与光色密不可分，一般色温低的光源偏暖色，产生温馨、热情、向上的感觉。色温渐渐升高，光源也由暖渐渐变冷，产生凉爽、轻快的感觉。运用这种色温的变化规律和冷暖象征，可以营造各种商业展示所需要的气氛。

二、光源种类

凡是能够发出一定波长范围电磁波的物体，称为“光源”。光源包括自然光源、人造光源以及两种光源的混合。

（一）自然光源

白天在自然界中最主要的光源是阳光，夜晚我们可以看到来自月亮的光源。在白天的时间段内，由于太阳位置的变化和观看者位置的不同，光的强烈度和色彩也有不同。因此卖场中光源的采用会根据自然光源的变化而有所选择。在条件许可的情况下，卖场中的基本照明应尽量使用自然光，这样既可降低费用，又能使货品在自然光下保持原色，避免灯光对货品颜色的“曲解”。而且，在现代化大都市中，普通人对自然光的崇尚已经超过对人工光源的喜爱。

（二）人造光源

现代展示光效设计中应用的光源绝大多数是人工电光源。根据发光原理的不同，常用照明电光源可以被分为热辐射光源和气体放电光源。热辐射光源包括白炽灯、卤钨灯和低压卤钨灯。气体放电光源分为低电压和高电压两种，低压放电光源主要包括各种荧光灯和低压汞灯，高压放电光源主要包括高压汞灯、金属卤素灯和高压钠灯。具体特征和使用参见表 4–1。发光二极管是继白炽灯之后，随着照明技术发展而产生的新型灯源，简称 LED，它通过半导体二极管，利用场致发光原理将电能直接转变成可见光的新型光源。场致发光指某种适当物质与电场相互作用而发光的现象。发光二极管作为新型的半导体光源与传统光源相比具有以下优点：寿命长，发光时间长达十万小时；启动时间短，响应在时间仅有几十纳秒；结构牢固，作为一种实心全固体结构，能够经受较强的振荡和冲击；发光效能高，能耗小，是一种节能光源；发光体接近点光源，光源辐射模型简单，有利于灯具设计；发光的方向性很强，不需要使用反射器控制光线的照射方向，可以做成薄灯具，适用于没有太多安装空间的场合。随着新材料和制作工艺的进步，发光二极管的性能正在大幅度提高，应用范围越来越广。

人造光源按照安装形式不同，灯具可以划分为固定型和非固定型两种。固定安装的灯具用螺丝固定在安装表面上，安装后不易拆卸，空间照明主要选择这类灯具安装形式；非固定安装型是指通过插座或者挂钩、照明导轨等可以使灯具移动或者装卸的方式。因为非固定安装型灯具可以在安装后进行调整，适合用在展示区域和橱窗中。

灯具的安装配合形式有：镶嵌灯、射灯、吊灯、台灯、壁灯（图 4–3 ～图 4–7）。

（三）自然光源和人造光源的混合

现在，有许多商业空间采取天顶开窗的方式，还有很多临街的有着大扇窗户的观景店面，可以充分享受自然光色带来的温馨和美感，但是同时也带来了如何把自然光源同人造光源平衡的问题。

平衡室内亮度及光的分布有两个办法：

第一，人工光可以同自然光同方向指向房间内部（非对称分布）。这种方法的优点是观察者顺自然采光方向观察房间时看到布光均匀的明亮区域，但是如果往窗户方向看，就会产生剪影现象。

表 4-1　各种可用灯相关灯具的介绍和最佳方法

灯名	种类	显色性	亮度	发光效率 /（lm/W）	启动再启动时间	频闪	控制配光	耐振性	色温 /K	特征	主要用途
白炽灯	普通（扩散型）	优	高	10 ～ 15 低	瞬时	无	容易	较差	2800	一般用途，易于使用，适用于表现光泽和阴影，暖光色适用于气氛照明	住宅 、商店的一般照明
	透明型	优	非常高	10 ～ 15 低	/	/	非常容易	/	/	闪耀效果，光泽和阴影的表现良好；暖光色，气氛照明用	花吊灯，有光泽陈列品的照明
	球型（扩散型）	优	高	10 ～ 15 低	/	/	稍难	/	/	照明的效果，看上去具有辉煌温暖的气氛效果	住宅、商店的吸引效果
	反射型	优	非常高	10 ～ 15 低	瞬时	无	非常容易	/	/	控制配光非常好，点光 、色泽、阴影和材质感表现力非常大	显示灯、商店、气氛照明
卤素灯	一般照明用（直管）	优	非常高	约 20 低、稍良	瞬时	无	非常容易	差	3200	形状小，大功率，易于控制配光	适用于投光灯，作为体育馆的体育照明灯
	微型钨灯	优	非常高	10 ～ 15 低、稍良	较短	有	非常容易	差	3200	形状小，易于控制配光，用 150 ～ 500W，光通亮也适当	适用于下射光和点光等的店铺效果
荧光灯		从一般到高显色性	稍低	30 ～ 90 高	长	有	非常困难	较好	6500（日色光）	效率高，显色性也好，露出的亮度低，眩光较小，可得到扩散光，故难于产生物体的阴影；可做成各种光色和显色性的灯具，灯的尺寸大，因此灯具大，不能做大功率的灯	最适用于一般房间、办公室、商店等的一般照明
汞灯	透明型	不好（蓝色）	非常高	35 ～ 55 高	长	有	容易	好	6000	显色性不好，易控制配光，形状小，可得大光通亮	用投光器的重点照明（最好同其它暖色系的光源混色）
	荧光型	稍差	高	40 ～ 60 高	长	有	稍易	好	6000	涂红色荧光粉，可使颜色稍微变好	工厂、体育馆、室外照明以及刀具照明等
	荧光型（蓝色改进型）	稍好（实用上足够）	高	40 ～ 60 高	长	有	稍易	好	6000	涂以蓝绿色荧光粉能得到一般室内照明足够用的显色性，功率种类多	银行、大厅、商店、商业街等，大功率用于高顶棚，小功率用于低顶棚
金属卤化物	透明型	好	非常高	70 ～ 90 比汞灯高	长	有	非常容易	较好	6000	控制配光非常容易，大体同荧光型的光色相同	体育场、广场投光照明
	扩散型	好	高	70 ～ 90 比汞灯高	长	有	稍易	较好	6000	在显色性好的等中效率最大，与某些色有差别	体育设施、高顶棚的商店
高压钠灯	透明型	/	非常高	90 ～ 125 非常高	长	有	容易	较好	6000	在普通照明所使用的灯源中。有最大的效率，适用于节能	高顶棚的工厂照明、刀具照明
	扩散型	/	高	90-125 非常高	/	/	稍易	较好	6000	在普通照明所使用的光源中，有最大的效率，适用于节能	/

图 4-3　固定吊灯

图 4-4　轨道射灯在珠宝橱窗的运用

图 4-5　固定壁灯

图 4-6　非固定轨道射灯

图 4-7　可调度镶嵌灯和固定槽灯在 LV 橱窗的运用

第二，人工光与自然采光同方向和反方向指向房间（对称分布）。这种方法有两方面好处：一是为所有的观看方向提供较好的观看条件；二是所有的灯具都可以和夜间照明的灯具有同样对称的光分布效果。

三、卖场照明具体方式

（一）光线照射方式

1. 正面光

光线来自服装的正前方。被正面光照射的服装有明亮的感觉，能完整地展示整件服装的色彩和细节。但立体感和质感较差，一般用于卖场中货架的照明（图 4-8）。

扫码学习
陈列灯光的目的与选择

2. 斜侧光

指灯光和被照射物呈 45° 的光位，灯光通常从左前侧或右前侧斜向的方位对被照射物进行照射，这是橱窗陈列中最常用的光位，斜侧光照射使模特和服装层次分明、立体感强（图 4-9）。

3. 侧光

又称 90° 侧光，灯光从被照射物的侧面进行照射，使被照射物明暗对比强烈。一般不单独使用，只作为辅助用光。

4. 顶光

光线来自模特的顶部，会使模特脸部和上下装产生浓重的阴影，一般要避免。在试衣区，顾客的头顶也一定要避免采用顶光（图 4–10）。在实际运用中，正面和斜侧光被经常运用。

5. 逆光

是摄影艺术中一种很有效的光线，在商品陈列中极少用到。它主要用于显现有魅力的轮廓，故称为“轮廓光”。

图 4–8　正面光运用

（二）照明形式

1. 直接照明

光线通过灯具射出，其中 90% ~ 100% 的光通量到达假定的工作面上，这种照明方式为直接照明。直接照明具有强烈的明暗对比，并能造成有趣生动的光影效果，可突出工作面在整个环境中的主导地位，但是由于亮度较高，应防止眩光的产生。

图 4–9　侧光运用

2. 半直接照明

半直接照明方式是半透明材料制成的灯罩罩住光源上部，60% ~ 90% 以上的光线使之集中射向工作面，10% ~ 40% 被罩光线又经半透明灯罩扩散而向上漫射，其光线比较柔和。这种灯具常用于较低的卖场的一般照明。由于漫射光线能照亮平顶，使房间顶部高度增加，因而能产生较高的空间感。

3. 间接照明

将光源遮蔽而产生的间接光的照明方式，其中 90% ~ 100% 的光通量通过天棚或墙面反射作用于工作面，10% 以下的光线则直接照射工作面。通常有两种处理方法，一是将不透明的灯罩装在灯泡的下部，光线射向平顶或其他物体上反射成间接光线；一种是把灯泡设在灯槽内，光线从平顶反射到室内成间接光线。这种照明方式单独使用时，需注意不透明灯罩下部的浓重阴影。通常和其他照明方式配合使用，才能取得特殊的艺术效果。一般作为环境照明使用或提高景亮度使用。

图 4–10　顶光的运用

4. 半间接照明

半间接照明方式，恰和半直接照明相反，把半透明的灯罩装在光源下部，60% 以上的光线射向平顶，形成间接光源，10% ~ 40% 部分光线经灯罩向下扩散。这种方式能产生比较特殊的照明效果，使较低矮的房间有增高的感觉。也适用于住宅中的小空间部分，如门厅、过道、服饰店等，通常在学习的环境中采用这种照明方式（图 4–11）。

图 4–11　半间接照明方式

5. 漫射照明方式

漫射照明方式是利用灯具的折射功能来控制眩光，将光线向四周扩散漫散。这种照明大体上有两种形式，一种是光线从灯罩上口射出经平顶反射，两侧从半透明灯罩扩散，下部从格栅扩散。另一种是用半透明灯罩把光线全部封闭而产生漫射。这类照明光线性能柔和，视觉舒适，适用于卧室（图 4–12、图 4–13）。

图 4–12　漫射照明方式

（三） 灯光配置

灯光设计与配置会因为不同的商品种类、零售模式、品牌形象、空间装潢而有不同的变化，因此在灯光设计之前，必须对目标卖场有充分地了解。就服饰专卖店、专柜与其他卖场而言，根据不同的情况和不同的品牌风格与形象，也会有很多的变化。因此，我们有必要先了解几个概念，即最基础的灯光照明设计配置。

商业空间的灯光配置一般分为三种：基础照明、重点照明和装饰照明，在服饰商品的零售空间领域里也不例外。

1. 基础照明

基础照明也叫环境光照明，就是为环境提供基本的光照度，此类灯具一般安装在上方（天花板或顶部框架结构上），提供范围较大的照明。基础照明可以使人在特定环境中进行正常活动，如在服装卖场，基础照明提供的照明光线应该可以保证顾客顺利地行走和清楚地观赏、选择服装商品（图 4–14）。

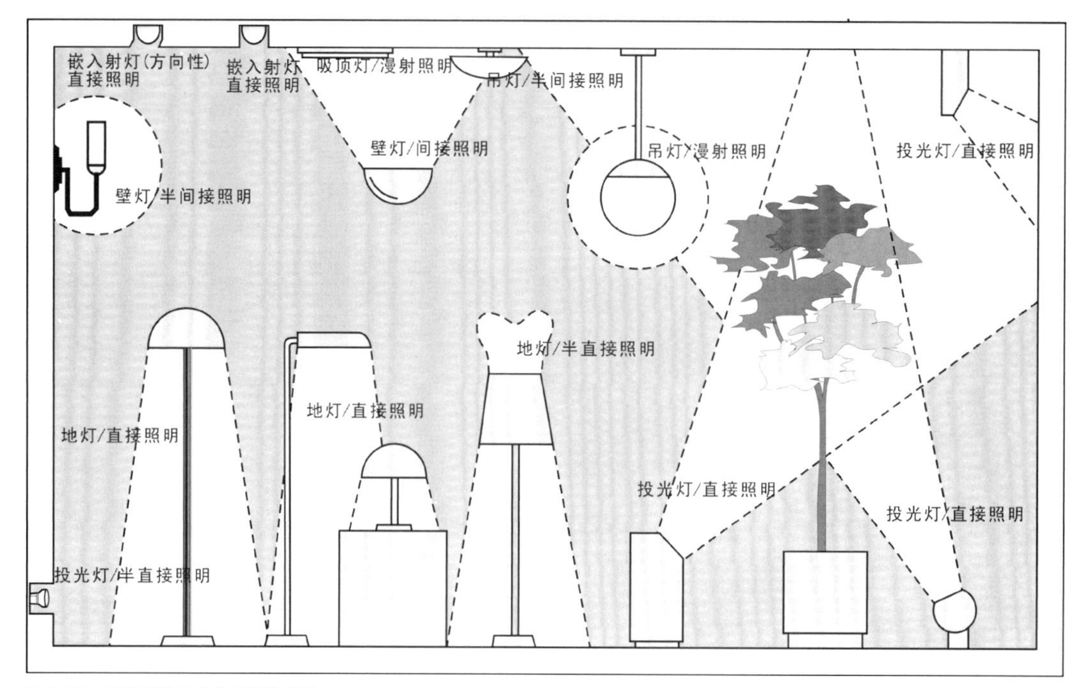

图 4-13 不同照明方式的光源表现图

图 4-14 基础照明

图 4-15 男装展厅的重点照明运用

2. 重点照明

重点照明就是将光线以一定角度集中投射到某些区域或商品上，达到突出商品、吸引顾客注意力的目的。比如在橱窗的照明设计中，通过重点照明，可强调服饰产品的外观、功能、面料特点，还可以突出服饰产品的造型和质感等（图 4-15）。

3. 装饰照明

装饰照明也称气氛照明，主要是通过一些色彩和动感上的变化，以及智能照明控制系统等，在卖场的局部环境营造一些特殊的灯光气氛，完善购物环境，吸引顾客，促进销售。装饰照明通常不照亮陈列的物品，而是对陈列物品的背景、卖场的地面、墙面等做一些特殊的灯光处理（图 4-16）。

图 4-16　装饰照明

图 4-17、图 4-18　卖场采用内置灯整体照明，而杰尼亚卖场采用线形装饰照明

图 4-19　橱窗照明

图 4-20　橱窗照明

（四）卖场分区域照明

1. 外部照明

这里的外部照明主要是指人工光源的使用与色彩的搭配。它不仅可以照亮店门和店前环境，而且能渲染商店气氛，烘托环境，增加卖场门面的美感（图 4–17、图 4–18）。

（1）橱窗照明。橱窗照明不仅要美，同时也必须满足商品的视觉诉求。橱窗内的亮度必须比卖场高出 2 ～ 4 倍，但不应使用太强的光，灯色间的对比度也不宜过大，光线的运动、交换、闪烁不能过快或过于激烈，否则消费者会眼花缭乱，造成强刺激的不舒适感觉。由于橱窗里的模特位置变化很大，为了满足模特陈列经常变化的情况，橱窗大多采用可以调节方向和距离的轨道射灯（图 4–19、图 4–20）。为防止眩光和营造橱窗效果，橱窗中灯具一般被隐藏起来。传统的橱窗灯具通常装在橱窗的顶部，但由于其照射角度比较单一，目前一些国际品牌大多在橱窗的一侧或两侧，甚至在地面上安装几组灯光，创造柔和、富有情调的氛围，强调商品的特色，尽可能在反映商品本来面目的基础上，给人以良好的心理感受（图 4–21）。

（2）招牌照明。招牌的明亮醒目，一般是通过霓虹灯的装饰或小型泛光灯做到的。霓虹灯不但照亮招牌，增加了卖场在夜间的可见度。还能制造热闹和欢快的气氛；而泛光照明可使整个招牌达到亮而醒目的效果（图 4–22）。

图 4-21　橱窗照明

图 4-22　菲拉格慕霓虹灯光在 LOGO 上的运用

图 4-23　一家外贸小店醒目的 LOGO 及明亮的入口处灯光设计

图 4-24　货架不均匀布光带来的层次感

图 4-25　爱马仕陈列架内置的灯光，丰富了卖场视觉效果，也让包包倍显尊贵

2. 卖场内部照明

入口照明——当顾客被橱窗所吸引时，会考虑是否再进店看看，因此入口的灯光设计也显得非常重要，照明设计的要求也非常高。入口处的照明明亮，能吸引顾客进入（图 4-23）。

（1）货架照明：对于一些平面性较强、层次较丰富、细节较多、需要清晰展示各个部位的展品来说，应减少投影或弱化阴影。可利用方向性不明显的漫射照明或交叉性照明，来消除阴影造成的干扰。有些服装需要突出立体感，可以用侧光来进行组合照射。货架的照明灯具应有很好的显色性，中、高档服装专卖店应该采用一些重点照明，可以用射灯或在货架中采用嵌入式或悬挂式直管荧光灯具进行局部照明（图 4-24、图 4-25）。

（2）试衣照明。试衣区的灯光设置是经常被忽视的地方，因为试衣区没有绝对的分界线，所以通常会将试衣区的灯光纳入卖场的基础照明中。因此我们经常会看到，试衣区的镜子前灯光往往亮度不足，影响顾客的购买情绪。重视试衣区的设计是十分重要的，试衣区的灯光有如下要求：色彩的还原性要好，因为顾客是在这里观看服装的色彩效果；为了使顾客的肤色更显好看，可以适当采用色温低的光源，使色彩稍偏红色；没有布置试衣镜的试衣室灯光照度可以低些，显得更温馨；试衣镜前的灯光要避免眩光。

四、灯光照明设计原则

对展示照明设计来说，选择灯光照明需重点考虑以下几个方面：

扫码学习
灯光的视觉陈列与表现

（一）灯光对展示产品的保护

光分为可见光与不可见光，是一种辐射能量。不可见光中的红外光与紫外光的辐射是造成展示产品热量升温、产品褪色的主要元凶。荧光灯、卤钨灯和高强度气体放电灯（金卤灯），也都会不同程度地产生一些紫外线辐射，如果未被控制而被装置在服饰卖场，经辐射的作用一段时间之后，会使一些商品褪色。

某种程度上，紫外辐射能力强度还是取决于所选择灯具类型和光源的类型。这主要是因为灯管或反射罩的材料工艺处理最终会决定紫外辐射成分量的多少。紫外线的辐射尤其可以透过石英材料，不过现在已研制出了一种特殊的合成石英材料（如陶瓷金卤灯），它可以有效地过滤紫外线的辐射。

（二）照度、亮度、眩光等数值

根据照明的要求，要突出某个展示物品就必须为该物品设置重点照明，通过照度大小来强调其展示意义。除了照度以外，还需要考虑主观亮度（照度高，顾客所见到的展示物品不一定亮，顾客所见到的亮度的大小与展示物品本身材料和背景环境亮度都有很大关系），主观亮度对比，通常比客观照度对比要低。值得注意的是，我们不能一味地只追求重点照明的亮度，因为高强度照明不等于有效照明，而且也容易使受众眼睛感觉到疲劳，应尽量避免使用。可以通过降低普通照明而不是提高重点照明的方法来达到理想的照度比。比如很多高级的服装店铺通过降低普通照明方式达到重点照明的效果，并使店铺整体氛围光线柔和、富有层次感；而在大众化卖场，因其普通照度值太高，就很难营造出戏剧化的照明效果。

（三）显色性和色表

当需要显示出物体的真实颜色时，发光体的光谱分布最为关键，许多设计师喜欢在同一处采用各种不同类型的光源，其实在大多数情况下，我们都应该注意颜色性能特点的互相补充，如对颜色一致性要求较高，则应该避免混合使用不同的光源。

不同的服装卖场，室内环境可能截然不同，但是它们对陈列的物品有一个共同的要求，就是陈列品一定要容易识别，而且要突出它的优点，因此设计师必须对柜台、陈列柜、货架，橱窗及墙面摆设的局部照明技术加以仔细考虑，通常用来伴随局部照明的是一般照明，这两种照明方式结合起来，将决定室内环境的气氛，所以，有必要检测销售区和陈列区的一般照明技术。无论何种服装产品都应该清楚地展现其原本的特征，以方便人们能立即看清它的形状、颜色、材料和质感。对于服饰品来说，最能控制展现力的是灯光漫射的方向和程度，而不是数量的多少。

（四）灯光的冷暖性

对于卖场的整体灯光设计，考虑最多的是灯光的冷暖心理效应。从温度和季节的变化来考虑，在炎热的夏天，顾客对色彩的需求偏向于冷色调。而在寒冷的冬天，顾客对色彩的需求更倾向于暖色调，给人以温暖感。

（五）灯泡控制方面

需要频繁开启的宜选用白炽灯；需要调光的宜选用白炽灯和卤素灯，当配有调光镇流器时也可以选用荧光灯和节能灯；需要瞬时点亮的不能选用启动和再启动时间都较长的高压气体放电灯，如金属卤素灯。

（六）初始投资和运行费用

运行费用包括年耗电量、灯泡消耗量、照明装置的维护费用等，通常情况下运行费用会超过初始投资。选择发光效能高、使用寿命长的光源可以减少灯泡消耗、降低维护费用，有非常实际的经济意义。

（七）灯光对人情绪的影响

光线与空间环境的配合，所产生的对人类心情和情绪的影响，如今被广泛地运用到服装店铺设计中。例如，灯光能为店面塑造独特的个性形象和店堂氛围，加深品牌在顾客心目中的形象，而照明角度的调校，可以将顾客引导到指定的区域，突出店内的某些商品；最重要的一点，借助灯光营造舒适的购物环境，或制造特殊的陈列展示效果，能让顾客安心舒适，并刺激顾客的购买欲望，最大限度地达成销售。因此，作为陈列师在规划卖场时必须考虑这一要素。

五、灯光的维护

在商业空间设计的领域里，灯光的设计与运用早已超越了环境照明的基本功能，由最初的实用功能走向了复合的美学层面，并被商业文化赋予了众多附加价值。灯光的维护是保持卖场形象的重要环节，与灯光设计同等重要。

（1）布置橱窗前，确保所有灯具清洁、可用。

（2）调整照明时，看光束是否聚焦到想要照射的产品上，一个简单的方法是在灯前挥手，看手的投影在哪里。

（3）使用光束宽度合乎要求的灯。

（4）灯的备货要留有余地。

（5）白天和晚上的照明情况不一样，要检查橱窗照明。

（6）千万要确保光束投向橱窗内，而不是外面，否则会让潜在消费者视而不见。

知识点二：道具设计

道具根据其具体的功能分为展示道具和装饰道具，它是支撑、美化陈列品的重要用具或器物。

展示道具特指为服装叠、挂、穿着出样提供平台的器架，包括展柜、展架、龙门、风车架、陈列桌等；装饰道具特指为增加陈列气氛和突出系列主题的器架，比如花卉、器皿、画框、酒杯等。道具的选择是为了吸引顾客的注意，增加顾客在陈列空间里的浏览时间，虽然它们只是一个配角，但在整个陈列设计中，恰到好处的道具装饰，可以起到事半功倍的效果（图 4–26、图 4–27）。

道具设计是围绕产品的风格来组织的，遵循综合设计、全面展开、重点突出、协调一致的原则。不同类型的服饰卖场应该采用不同风格的道具，使之成为创造个性的一种手段。道具门类繁多、不拘一格，事实上任何具有装饰性的物品都可以成为陈列道具，只要运用恰当，就能发挥它的作用（图 4-28）。而提包、手包、丝巾、眼镜等服饰品，既有实用功能，也有装饰作用，也是辅助品牌在销售终端经常采用的道具，其类型、品种、组合方式千变万化，风格各异，与服装进行搭配时，对于消费者是一种启示，说明如何穿出品位和个性；对于展示效果而言，可以起到画龙点睛的作用，有效提升服装的情调和品位，创造独特的趣味，使服装的形象更加鲜明。用服饰品进行陈列时，应考虑其功能、形态、材质、色彩、大小以及文化性、艺术性、趣味性等与品牌和服装是否契合（图 4-29、图 4-30）。

扫码学习
陈列道具概念及分类

材质是道具的物质载体，不同的材质具有各自不同的特性规律和性格表情，不同材质间的组合也各有千秋。设计师对道具材质的驾驭能力充分体现了其设计素养和设计水平。在材质的实际应用当中，我们主要关注材质的质感、肌理、光泽以及有其形成的轻与重、软与硬、粗与滑、曲与直等视觉效果；而为了突出服装卖点，可以从服装与道具材料的视觉对比效果来进行组合设计，如软硬对比、粗细对比、明暗对比等（图 4-31 ～图 4-34）。

扫码学习
陈列道具的设计原则

随着新工艺、新观念、新技术、新材料的不断出现以及服装时尚的变迁与市场的繁荣，陈列技术的发展日新月异。道具开发也在不断变化、不断创新，这是陈列技术发展的真实写照。道具研发涉及许多因素，在运用、组合这些道具开发技术时，需要与经济、可复制性等方面相互协调、统一，并应不断探讨和总结。只有这样，才能发挥陈列展示技术的作用，提高陈列效率，达到应有的效果。

扫码学习
陈列道具装置形态

图 4-26　橱窗中陈列的摩托车，强化了此品牌女装独立鲜明，性感诱人，又略带反叛的品牌风格

图 4-27　在节日期间，可以利用相关的道具来进行店面装饰，从而烘托节日气氛。比如在圣诞节期间使用麋鹿、圣诞结、圣诞树，悬挂圣诞礼盒，装饰彩灯等，甚至让店员穿上圣诞老人的服装

图 4-28　童装店的道具选择应该体现儿童的心理特征，H&M 把儿童床搬进橱窗，儿童生活场景再现

图 4-29　成年人的服饰店应该以目标顾客的文化品味、审美取向为依据进行道具选择

图 4-30　服饰品道具设计应用

图 4-31　散发珍珠光泽的珠针道具与优雅的高级时装陈列组合

图 4-33　用季节性的植物作为陈列道具，强化了橱窗的季节主题

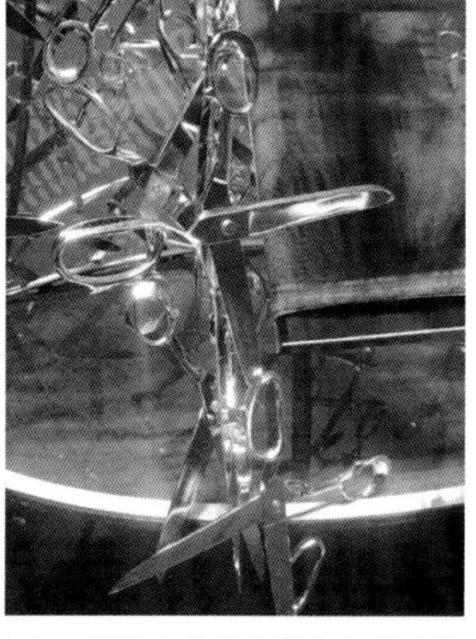

图 4-32　金属色泽的剪刀布满整个人台，彰显杰尼亚西装无与伦比的裁剪以及极高的制作品质

图 4-34　包道具在橱窗中的应用

知识点三：POP 海报设计

一、POP 海报设计概念

POP 是英文“point of purchase”的缩写，意为“卖点广告”，其主要商业用途是形成卖场气势、实现心理暗示、招揽顾客、促销商品，同时，对于企业又具有提高商品形象和企业知名度的作用。POP 广告具有很高的经济价值，而且其成本也不高，所以，它虽起源于超级市场，但同样适合于服装专卖店、百货店等商品销售的场所。

二、POP 海报分类

（一）柜台 POP

这是陈列于销售柜台的小广告，目的是突出商品，吸引注意，在设计上要注意内容的鼓动性和形式的装饰性，做到视觉元素简练，视觉效果强烈。柜台 POP 一般与商品展示配合使用，也可以与商品促销活动配合使用。属于这类的有货架 POP、柜台标志 POP、陈列架 POP 等（图 4–35、图 4–36）。

（二）吊挂 POP

吊挂 POP 广告是对商场或商店上部空间及顶界有效利用的一种 POP 广告类型。 因为吊挂 POP 能利用商场和店铺顶部，还能向下部空间作适当的延伸利用，且不受障碍物体阻隔，视线良好，对消费者有引导和提示作用，在各类 POP 广告中用量最大、使用效率最高。

吊挂 POP 可以是品牌的主题展示，也可以是商场的销售主题展示。其制作材料有各种厚纸、金属、塑料等。这种 POP 设计方便易行，一般采用两面以上的造型形态，有利于多方位的展示广告视觉内容和信息传播。

吊挂 POP 的种类繁多，最典型的吊挂 POP 形式包含吊旗式和吊挂物两种基本种类。

图 4–35　陈列架 POP

图 4–36　陈列桌 POP

图 4–37　吊旗式 POP

1. 吊旗式

吊旗式是在商场顶部吊的旗帜式的 POP 广告，其特点是以平面的单体向空间作有规律的重复，从而加强广告讯息的传递（图 4–37）。

2. 吊挂物

吊挂物相对于吊旗来讲，是完全立体的吊挂 POP 广告。其特点是以立体的造型来加强产品形象及广告信息的传递。

（三）橱窗陈列 POP

布置在橱窗内吸引行人的 POP，要注意装饰性与吸引性，以期有助于增强橱窗的感人气氛和多彩多姿的魅力。橱窗内的 POP 设置一般强调其艺术性，这类 POP 不拘形式，可吊、可挂、可支撑、可转动、可粘贴（图 4–38 ～图 4–40）。

（四）动态 POP

动态 POP 设有动力装置，使之按一定规律重复运动，充满乐趣和新奇感。现在在展览会、百货公司等，出现了多媒体，多媒体音像设备在增强展示效果、促进销售宣传方面，发挥着重要作用。多媒体在陈列空间中之所以能占一席之地，是因为有两大优势：

（1）音、像、色、光的组合，产生逼真的震撼力，特别是超大型的影视屏幕，可以给人留下更为深刻的印象和记忆。

（2）具有更丰富的信息含量。品牌的文化、设计师的设计创意、模特的走秀都可收容在胶片之中，可以反复地演示，既经济有效又能吸引消费者，是彰显品牌实力的好办法（图 4–41）。

图 4–38　可粘贴 POP

图 4–39　可挂 POP

图 4–40　可支撑 POP

图 4-41　动态 POP

图 4-42　光源 POP

图 4-43　光源 POP

（五）光源 POP

光源 POP 利用透明材料制作，具有特殊光效及视觉效果的广告形式（图 4-42、图 4-43）。

上述几种卖场 POP 广告的运用能否成功，关键在于广告面的设计能否简洁鲜明地传达信息，能否塑造优美的形象和感染力。

在塑造服装品牌和感染力上，POP 海报设计可以从以下三个方面努力：

（1）POP 设计要以卖场与商品的风格特征为基础，充分考虑消费者的需求和购买心理，以求表现最能打动消费者的广告内容。

（2）POP 广告体面较小，容量有限，因此其造型与画面的设计要具有简练、单纯、视觉效果强烈、阅读方便等特点。

（3）POP 广告是构成卖场形象的一部分，因此设计与陈列应从加强总体卖场形象出发，要求与卖场统一而和谐。

知识点四：其他

一、合适的音乐

音乐在广告理论界的共鸣营销上占重要位置，因为音乐和可视因素一样，音乐和声音的效果能激起情感，音乐和情感记忆会产生共鸣，能影响消费者对品牌的感觉。音乐的巧用，能升华品位、启迪情操、影响情绪和美化环境，可以更好地促进销售，因此被很多店家采用。

（一）制造与烘托特定气氛

不同的音乐在不同时间和环境中表现出不同的情绪，进而影响人们的心情，心情愉快就会有利于导购的售货与消费者的购买。例如，圣诞节期间，卖场里播放充满圣诞节气愤的音乐，就会使顾客购物的心情受到节日气氛的渲染，从而促使消费者在时装店中享受美好的购物体验。

在选用乐曲时，不仅要考虑到乐曲本身的内容、形式以及特点，更要与品牌的风格、理念、定位以及消费者的生活方式、品味相一致，还要考虑时装的种类和主要顾客对象。比如，时装店可选用流行音乐，职业装可选用优雅的音乐，童装店可选用欢快活泼的儿童歌曲，而中老年服饰用品店不妨选舒缓优雅、深厚凝重的音乐。注意，音乐的选择不能让顾客把主要注意力集中到欣赏音乐上，也不能影响顾客与营业员之间的沟通交谈。在非客流高峰期，可以选择不用音乐，以免使店员感到听觉疲劳。

（二）改变空间心理感受

有些卖场高大空荡，虽在顶部施以装饰，但是还是给人以空荡荡、冷清清的感觉；有些卖场则由于空间狭小，虽然在结构与灯光效果设计方面下足了功夫，但也还是给人以挤压感。合适的音乐，可以弱化不良的视觉空间带给人们的感受。

（三）播放慢节奏音乐可以调节顾客情绪，控制其购物节奏，从而促进展示与销售效果

商场里的音乐节奏对商业营业额有很大影响。实验证明，播放慢节奏音乐比快节奏音乐可增加10%以上的营业额。轻柔舒缓的节奏，悠扬悦耳的音乐，可以令顾客心情温和安静，顾客浏览商品的速度也随之放慢，在挑选商品时十分耐心；反之，强烈跳跃的节奏，嘹亮的音响，则令顾客过度兴奋、性急，以致烦躁、步履加快而失去耐心，从而影响销售额。

在繁华的街区或者临街门面的店面，噪声的烦扰在所难免，通过音乐的调节可以在一定程度上掩盖噪声。

二、舒适的空气

每一个顾客都希望卖场的空气与湿度清新宜人，这样在选购商品的时候才会有一份好心情。因此，清新的空气与宜人的温度，再加上适合卖场风格的香氛，是卖场终端营销规划中，应该考虑的细节问题。只有做好细节，才能体现品牌的魅力，才能真正吸引顾客，并在顾客心中留下深刻的印象。当然空气清新剂、香味剂的选择也一定要与卖场的整体形象相吻合。

一、填空题

1. 时间与空间上不适当的亮度分布、亮度范围和极端对比等，降低了视知觉的能力，产生视物不清和刺激的晃眼，引起心理的不适，这种晃眼的光称为 ______。

2. 一般色温低的光源偏 ______，产生 __________ 的感觉。色温渐渐升高，光源也 __________，产生 __________ 感觉。

3. 凡是能够发出一定波长范围电磁波的物体，称为“______”。光源包括 ______、__________ 以及 __________。

4. ______ 来自模特的顶部，会使模特脸部和上下装产生浓重的阴影，一般要避免。

5. __________ 方式是半透明材料制成的灯罩罩住光源上部，__________ 以上的光线使之集中射向工作面，__________ 被罩光线又经半透明灯罩扩散而向上漫射，其光线比较柔和。

6. 道具根据其具体的功能分为 __________ 和 __________，它是 __________ 的重要工具。

二、选择题

1. 光源发出的光的强度叫（　　）

A 光通量

B 光亮度

C 照度

D 眩光

2. 将光源遮蔽而产生的(　　)方式，其中 90% ～ 100% 的光通量通过天棚或墙面反射作用于工作面，10% 以下的光线则直接照射工作面。

A 直接照明

B 半直接照明

C 间接照明

D 半间接照明

3. 商业空间的灯光配置一般分为三种：（　　）

A 基础照明

B 重点照明

C 装饰照明

D 漫射照明

4. 橱窗内的亮度必须比卖场高出（　　）倍。

A 2 ~ 4

B 1 ~ 2

C 3 ~ 4

D 10

5. 道具设计是围绕产品的风格来组织的，遵循（　　）原则。

A 综合设计

B 全面展开

C 重点突出

D 协调一致

6.（　　）是在各类 POP 广告中用量最大、使用效率最高的一种 POP 广告。

A 柜台陈列 POP

B 吊挂 POP 广告

C 橱窗陈列 POP

D 动态 POP

《灯光设计细部解析：诠释灯光设计在空间中的艺术表现》

深圳视界文化传播有限公司，《灯光设计细部解析：诠释灯光设计在空间中的艺术表现》，2012 年 10 月湖南人民出版社出版。该书共分为商业空间、公共空间、酒店餐饮空间、娱乐休闲、展览展示五部分，主要通过对新根格罗斯购物中心、韩国天安百货公司、安心大药房、心斋桥优衣库等商业公共空间灯光材料、特色和细节、灯光效果来诠释灯光设计在空间中的艺术表现。

《照明设计指南》

株式会社 X-knowledge 编译的《照明设计指南》，2015 年 3 月由华中科技大学出版社出版。该书通过对不同透光材料的讲解、不同空间的照明手法的分析、特殊照明技巧的展现、完美照明搭配方案等方面，完整系统地阐述了照明设计在空间中的运用，是设计师学习、借鉴成功设计不可或缺的一本照明专业设计案头书。

项目5 橱窗设计

项目引言

橱窗是展示品牌形象的窗口，橱窗设计体现了商家的独出心裁与陈列师的无穷灵感。在一个平面与立体相结合的橱窗之中，融入了创意、造型、色彩、材料、灯光等多种因素。它是品牌形象宣传的载体之一，在很大程度上影响着消费者的购买行为。相关调查结果显示，有67.2%的人在逛商场时会注意商场的橱窗设计和现场展示，这证明橱窗设计和现场展示作为商场的一种环境已引起了顾客的注意，会调动顾客的购买欲望与兴趣。

本项目知识目标为掌握橱窗的不同分类、原则、橱窗的主题提炼以及创意设计方法。能力目标为具有橱窗创意设计、实施能力。

根据这些要求，需要完成的任务如下。

任务七：

一定规格的橱窗陈列设计与实施。

项目实施

任务七：一定规格的橱窗设计与陈列实施

1. 任务目标

通过任务训练，学生掌握橱窗陈列设计基本原则和手法，并能完成橱窗设计方案及方案实施。

2. 任务七学时安排（表5–1）

表5–1　任务七学时安排

	技能内容与要求	参考学时	
		理论	实践
1	任务导入分析	1	
2	必备知识学习	4	
3	橱窗信息采集与整合		4

（续表）

4	橱窗陈列方案设计		24
5	橱窗陈列道具制作		16
6	橱窗布置		8
7	项目总结评价		3
合计		5	55

3. **任务基本程序和考核要求**

（1）分组：每组 3 ～ 4 人。

（2）任务分析：对已获得的校企合作项目或教师自拟任务进行分解，通过调研和资料信息搜集，充分了解其品牌历史、理念、风格、产品特点等相关信息，掌握任务要求。

（3）橱窗信息采集与整合：了解橱窗流行趋势、合作品牌历次橱窗方案。调研总结内容详实，搜集的资料和信息真实有效，对橱窗方案的设计开发有一定的辅助作用。

（4）橱窗方案设计：通过橱窗市场调研和素材收集，激发灵感并提炼主题，开发设计方案。利用电脑辅助设计软件绘制，要求方案设计风格与品牌风格一致，主题与项目任务要求吻合，主题突出，色彩协调，造型别致，整体感强，有创意。

（5）橱窗陈列道具制作：道具结构图制作美观、精准，道具材料的选择和表现契合橱窗主题和品牌风格，有一定的创意性和市场价值。

（6）橱窗实施：道具、模特、灯光、色彩、产品的艺术化组合。要求橱窗实物制作还原度高，整体制作精致。

（7）方案整体评价和总结。

项目达标记录

项目总结

学习资料索引

知识点一：橱窗分类和作用

一、橱窗的分类

根据零售商店规模的大小、橱窗结构、橱窗展示内容、商品的特点、消费需求等因素，橱窗可分为以下几种主要类型。

（一）根据橱窗展示内容分类

橱窗陈列有综合式、专题式、特写式、电动式等。

1. 综合式

综合式橱窗是将许多不相关的商品综合展示在一个橱窗里面，以组成一个完整的橱窗形象。采用此类橱窗展示，对设计师的产品综合展示驾驭能力要求很高。展示的产品较多，一旦设计不完美，容易造成杂乱无章的视觉感受（图 5-1）。

2. 专题式

专题式陈列着眼于产生联想和氛围营造，其以一个广告专题为中心，围绕某一特定的事情，组织不同类型的商品进行陈列，向顾客传送一个主题信息，专题式陈列可分为节日陈列、场景陈列、事件陈列、抛售陈列、季节陈列等。抛售陈列与整洁、精心设置的陈列不同，其打造的是一种低价便宜的氛围，主要用于服装抛售处理时的陈列。季节式陈列主要根据季节变化把应季商品集中进行陈列，满足顾客应季购买的心理特点，有利于扩大销售（图 5-2、图 5-3）。

图 5-1　迪斯尼橱窗餐具、服装、储物罐、玩具的综合陈列

图 5-2　橱窗到处悬挂的海报传达了卖场正在进行季末打折促销的消息

图 5-3　节日的陈列

图 5-4　阿玛尼橱窗，包模型特写陈列

图 5-5　封闭式橱窗

3. 特写式

特写式陈列着眼于重点推荐，通过运用不同的艺术形式与处理方法，集中介绍某一商品。利用特写手法，把商品的形象或全部放大或局部放大，能造成强烈的视觉冲击力，使消费者眼前一“亮”，视线被吸引过去。特写式橱窗陈列适用于新产品、特色商品广告宣传，用于展现品牌产品的精致优美，要求陈列少而精，主要有单一商品及商品模型特写陈列。特写式陈列突出表现的是时装和品牌，或者当时宣传的对象，对灯光要求比较高，灯光的渲染是其重点，时装的材质表现与灯光的投光角度关系很大，比如薄纱、天鹅绒、闪光珠片等所采用的投光方式就各不相同。特写式陈列一般采用聚焦式的灯光效果或 POP 图片做背景来衬托产品的鲜明特点（图 5–4）。

4. 电动式

随着科技的进步与发展，电动橱窗在商品展示中的应用越来越多。在电动橱窗里，商品或旋转变化或左右上下移动，这类橱窗与一般的静止橱窗相比宣传效果更好，对顾客有更大的吸引力。电动橱窗还能利用光电原理，变幻商品色彩，产生神奇的展示效果，尤其在节日期间进行展示时，具有很好的渲染效果。

（二）根据橱窗的展示开放程度分类

橱窗根据展示的开放程度分为封闭式、半封闭式、开放式和店外橱窗式。

橱窗布局形式（一）

1. 封闭式

这是广泛被采用的一种橱窗形式，特别是一些临街大橱窗大多采用这一形式。封闭式橱窗的后背多以三夹板、胶合板封闭，并在左边或右边留有适度的给布置橱窗人员进出的小门。封闭式橱窗在进行商品展示陈列时，由于背景是封闭式的胶合板，便于在胶合板上进行背景陈列设计和实施，从而烘托、宣传橱窗产品，营造橱窗气氛。封闭式橱窗的视线主要是从正面进入，因此在构图上也有利于整体效果的把握（图 5–5）。

橱窗布局形式（二）

2. 半封闭式

半封闭式橱窗陈列通过背板的不完全分隔来实现。这种构造的橱窗主要是考虑店内的采光不被遮挡或少受遮挡，其优点是可以部分地看到卖场内销售场所和布置情况。这类橱窗的后壁一般没有固定装置，适宜陈列大件商品，商品陈列手法讲究疏密有致，数量不宜过多，要求整体视觉舒适（图 5–6）。

3. 开放式

开放式橱窗的最大特点就是与卖场内部空间浑然一体，具有足够的亲和力。但需要注意的是橱窗陈列效果要与卖场陈列效果统一，使其能够成为一副完整的画面（图 5-7）。

这种橱窗形式，如果橱窗朝向南，而且也没有其他建筑物遮挡，橱窗和店内的商品、道具等色彩就会因为长期受阳光照射而褪色、变色，从而影响展示效果。因此，有必要根据卖场建筑物结构、材质及周围环境条件选择固定或者活动式遮阳篷。

4. 店外式

这种形式是近几年才流行起来的，目的是方便行人不用进入店内便可知道最新的商品销售信息。一般设置在步行街的店面前 3 ~ 5m 处，橱窗用玻璃封闭，四周可视，高度与人体接近。

（三）根据卖场的位置和样式

1. 店头橱窗（图 5-8）

位于店铺的前面位置，毗邻入口处的橱窗陈列。

图 5-6　半封闭式橱窗

图 5-7　开放式橱窗

图 5-8　店头橱窗

图 5-9　店内橱窗

2. 店内橱窗（图 5–9）

购物街中的卖场通常也有不设橱窗的。卖场的整个正面都向公众敞开，晚上只是用金属防护栏与公共区分开。商场中的店中店，由于店外的环境不像临街的卖场是室外环境，一般橱窗和店内环境合二为一。

3. 成角度橱窗

背景墙与入口成角度，这种橱窗要求把群组的商品与玻璃窗平行布置，不要与人行道平行（图 5–10）。

4. 转角橱窗

转角橱窗围绕着一个转角展开，这种橱窗中的商品群组应该朝向弧形的中心布置。巧妙地摆放橱窗内的商品，有助于从各个角落把顾客导向橱窗的另一边，直至卖场入口（图 5–11、图 5–12）。

转角橱窗从两个角度吸引注意力，如此重要的橱窗，一定要确保它每一个角度都能引人注意。

5. 陈列柜式橱窗

经营珠宝等类别的小件商品的店铺通常利用陈列柜式橱窗吸引顾客的注意力。这种微缩的橱窗为了能让人近距离仔细查看商品，要设计在视平线的高度（图 5–13、图 5–14）。

6. 连廊橱窗

连廊橱窗入口处门退到橱窗后面，遇到这种情况，陈列的一部分应该朝向人行道，以获取顾客的注意力，另一部分应向内回归，引导顾客向卖场入口（图 5–15、图 5–16）。

图 5–10　成角度橱窗

图 5–11　转角橱窗

图 5–12　转角橱窗

图 5–13　安装在视平线高度的柜式橱窗是展示小巧贵重物品的较好方式

图 5–14　日本迷人的女式服饰品店的柜式橱窗

二、橱窗的作用

首先，橱窗是艺术和商业的结合体，它的首要作用是通过对商品的功能、特性以及蕴含的品牌文化做艺术性的展示与传播，以提高消费者对商品的认知度和购买力，从而促进销售。为了实现营销目标，陈列师通过对橱窗中服装、模特、道具以及背景广告等的组织和摆放，来达到吸引顾客、激发他们的购买欲望。这种设计思路效果明显、直白。一般来说适应对价格比较敏感的消费群，以及中低价位的服装品牌，或需要在短时间内达到营销效果的活动，如打折、新货上市、节日促销等活动（图 5-17）。

其次，橱窗还可以反映一个品牌的个性、风格和对文化的理解。因此，橱窗又承担起传播品牌文化的作用。陈列师通过对橱窗进行简洁及艺术化处理，使橱窗格调高雅，追求的是日积月累的宣传效应。顾客看了橱窗后今天不一定进去，但会把品牌的概念留在脑中，成为潜在的消费者。这种设计思路表达比较含蓄，一般来说更适合针对注重产品风格和文化消费群的中高档品牌。当然，为了提升和传播品牌形象，中低档品牌有时也会采用（图 5-18、图 5-19）。

在实际应用中，这两种设计思路往往是结合在一起的，只不过侧重面不同。因为两种橱窗的表现手法不同，其检验标准也是不同的。第一种是要通过短时间来检验顾客的进店率，第二种顾客进店率则要通过一个较长的时间来综合评定。

图 5-15　橱窗的连廊设计，橱窗内的模特朝向充分考虑了橱窗的目的，即积极引导消费者进店消费

图 5-16　把消费者目光集聚到出入口的连廊橱窗设计

图 5-17　直白的橱窗促销设计思路

图 5-18、图 5-19 强调品牌文化和艺术气息的橱窗设计

知识点二：橱窗设计的基本原则

一、考虑顾客的最佳视觉体验

虽然橱窗是静止的，但顾客却是在行走和运动的。因此，橱窗的设计不仅要考虑顾客静止时观赏的角度和最佳视线高度，还要考虑橱窗自远至近的视觉效果，以及穿过橱窗前的“移步即景”的效果。为了顾客在最远的地方就可以看到橱窗的效果，不仅在橱窗的创意上要做到与众不同，主题简洁，在夜晚还要适当地加大橱窗里的灯光亮度。一般橱窗中灯光亮度要比卖场中提高 50%～100%，照度要达到 1200～2500lx。另外，顾客在街上的行走路线一般是靠右行的，通过专卖店时，一般是从商店的右侧穿过店面。因此，我们在设计当中，不仅要考虑顾客正面站在橱窗前的展示效果，也要考虑顾客侧向通过橱窗所看到的效果（图 5-20）。

二、与卖场整体风格相协调

橱窗是卖场的一个部分，在布局上要和卖场的整体陈列风格相一致（图 5-21）。特别是开放式的橱窗，不仅要考虑和整个卖场的风格相协调，还要考虑和橱窗最靠近的几组货架的色彩协调性，以及要根据不同的店面形式，采取不同的灯光配置（图 5-22）。

在实际的应用中，有许多陈列师在陈列橱窗时，往往会忘了卖场里的陈列风格，结果我们常常看到这样的景象：橱窗的设计非常简洁，而里面却非常繁复，或外面非常现代，里面却设计得很古典。

三、与卖场中的营销活动相呼应

橱窗从另一角度看，如同一个电视剧的预告，它告知的是一个商业信息，传递卖场内的销售信息，这种信息的传递应该和卖场中的活动相呼应。如橱窗里是“新装上市”的主题，卖场里陈列的主题也要以新装为主，并储备相应的新装数量，配合销售的需要。

图 5-20　考虑路人行走方向的陈列

图 5-21　Paolo tonali 卖场内左边的侧挂陈列的服装与橱窗模特展示服装相呼应，好似卖场内部典型的重点陈列＋容量陈列区域

图 5-22　半封闭橱窗要考虑与内场的照明相呼应

图 5-23　达衣岩女装秋、冬橱窗设计方案

图 5-24　某品牌春、冬橱窗设计方案

四、主题要简洁鲜明，风格要突出

为了能从众多的橱窗中脱颖而出，橱窗的主题一定要鲜明，要用最简洁的陈列方式告知顾客要表达的主题，引起顾客的注意，延长顾客在橱窗前停留的时间（图 5-23、图 5-24）。

知识点三：橱窗主题提炼

橱窗艺术和其他艺术形式一样，其设计作品往往具有鲜明的主题。橱窗设计的主题是陈列师创意的根本点，是陈列师根据品牌的商业需要和自己的创意思考方向，确定设计所摄取的角度、方法和信息资料，以体现明确的设计定位。

一个成功的橱窗设计，需要有恰当的主题解读。设计师在明晰其主题的内涵的基础上，进行合理的素材处理和设计表达，使橱窗构成鲜明的风格特色。主题不仅是抽象的思想，还与具体的题材和艺术形象的特殊性紧密结合在一起。由于橱窗创作立场、观点和意图的不同，同样的主题可以用不同的素材加以体现，而同样的素材也可以表现不同的主题。橱窗设计时的思想深度、生活经验以及艺术表现方法，会影响主题创作的深度和广度。

橱窗设计中，主题的表达与艺术性最为重要，但是又最难提炼与表现。提炼主题以“鲜明”为原则，一般多从服装的品牌定位、风格、目标顾客、着装环境等入手。女装一般从情感、美丽的角度来提炼主题；男装一般从身份、传统的角度来提炼主题；童装一般从快乐、游戏的角度来提炼主题；时尚主题一般从个性、娱乐的角度来提炼。陈列师还可以从生活环境、社会文化、科技成果、艺术与历史中得到启发，提炼出橱窗的主题，并运用一定的艺术手段转化为橱窗的视觉语言。

橱窗设计的常用主题主要有以下五类。

一、自然主题

自然主题以自然事物来装饰呼应服饰特征，同时也意味着同自然的接触和休闲娱乐，如用鲜花、植物、动物、鸟类等来衬托花裙、手袋、帽子这类女性商品（图 5–25）。

二、地理主题

地理主题是以某一地理上的建筑特点和风格附着于橱窗设计中。如俄罗斯、西班牙、夏威夷、伦敦、法国南部乡村等，这些地点往往是目标消费者向往的、充满异域风情的，能够在人们的生命中留下深刻印象的地方（图 5–26）。

三、历史主题

历史主题是将橱窗风格与某一特定的历史时期的风格联系在一起，表达过去情怀的感念与怀旧，带来时空遐想，如洛可可式、哥特式等（图 5–27）。

四、艺术主题

艺术主题以某类艺术形式如绘画、雕塑、装置、电影等来对服装进行描述和衬托，凸显时装的设计品味，如当代艺术和装置艺术就是现在最热门的橱窗装饰主题（图 5–28）。

五、生活主题

生活主题就是营造一种可以引导消费者进入理想状态的生活情境，一种由设计师渲染的理想生活方式，像剧院、聚会、家具环境等生活形式的场景就很适合服装展示（图 5–29）。

图 5–25　走进“森林”主题

图 5–26　地理主题

图 5–27　历史主题

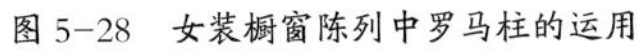
图 5-28　女装橱窗陈列中罗马柱的运用

图 5-29　生活主题

知识点四：橱窗设计创意灵感和表达

从橱窗的立体空间看，橱窗由前、中、后三个层次组成，上、中、下三个层次之分。橱窗艺术效果展示得如何与前中后三个空间层次关系密切相关。橱窗中的前中后三个层次，好比是绘画中的近景、中景和远景。绘画利用近大远小的透视变化、色彩的冷暖变化达到近景、中景、远景的虚实效果。在橱窗的设计中，重点往往不在绘画中的近景部分，而处在绘画中的“中景”部分。前景在橱窗设计中往往作为烘托层次，要突出的主推商品放置在第二层次。前、中、后三个层次在设计中，一般处理以前疏、中密、后陪衬为宜，前疏是为了留出视线的空档，不遮挡第二、三层次的陈列物品（图 5-30）。

当了解了橱窗的空间构成以及相应的陈列原则和主题提炼以后，剩下的就是要把模特、道具、灯光、POP 广告等陈列视觉元素运用解构和演绎的手法有目的放置到橱窗的各个层次中去。

但是橱窗陈列视觉元素如何创意地表现橱窗主题思想呢？有的陈列设计师在做橱窗设计时绞尽脑汁，想出来的创意却并不符合品牌风格和营销目标。橱窗设计的灵感来源其实不需要毫无根据的冥思苦想，它主要来源于以下六方面。

一、时尚流行趋势主题

时尚流行趋势每年由各大流行趋势研究室进行发布，一般分为若干个主题。如法国巴黎的娜丽罗荻设计事务所，每年发布两次下一季的春夏和秋冬流行趋势，每次通常有 4 ～ 8 个主题，每个主题都有其鲜明的特点，并配备相应的色彩、面料和款式等设计要素提案。陈列师可以选择其中适合品牌风格的主题，将其中的某些元素提炼成设计点即可。 2009 年春夏巴黎娜丽罗荻设计事务所流行趋势研究室发布的四大主题之一——航海，很多品牌纷纷用这一主题设计其橱窗（图 5-31）。

随着视觉陈列的发展，现在有些流行趋势研究机构也开始发布视觉营销方面的流行趋势，比如在全球流行趋势预测分析平台 WGSN 上就有一个视觉营销模块，这个模块会及时发布下一年的陈列流行趋势，设计师可以从视觉营销流行趋势中提取橱窗创意设计主题方案。

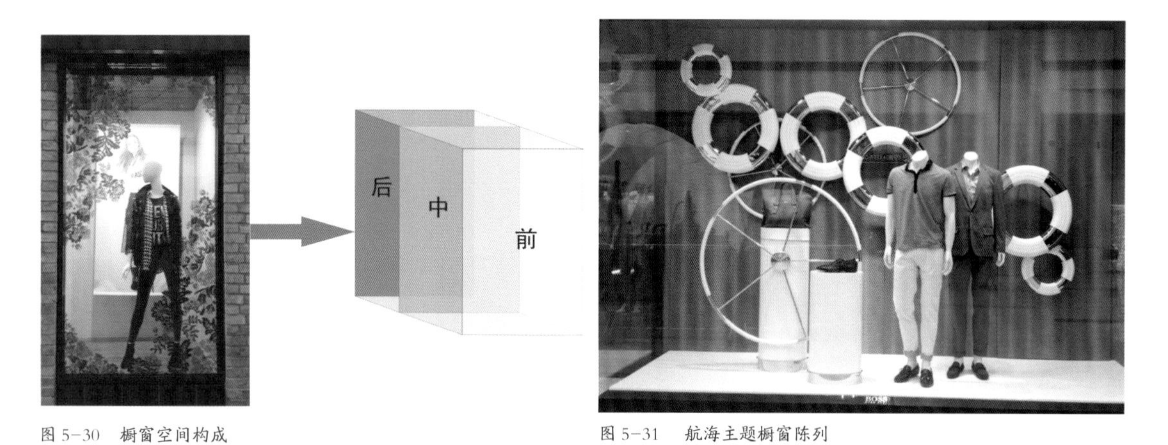

图 5-30　橱窗空间构成

图 5-31　航海主题橱窗陈列

图 5-32　2010 年 11 月米兰的橱窗，最大的亮点就在于橱窗满天飞舞的蝴蝶、蜻蜓纹样。仔细观察就会发现，其实这些图案不是陈列设计师的即兴之笔，而是来自所陈列商品的面料纹样。发现这个设计要素，并且将其应用于橱窗陈列设计中，正是该品牌陈列设计师的过人之处

二、品牌的产品设计要素

服装设计师在产品开发前，会对下一季的流行趋势进行研究，找出其中适合于本品牌的设计要素，然后，根据这些设计要素进行系列设计，开发出几大系列主题鲜明又风格统一的产品。陈列设计师只需对产品的这些设计要素加以应用，在橱窗设计时把它表达出来，就可以做出既符合时尚流行趋势又忠于品牌自身风格的设计。这些设计要素可能是主推服装产品独特的花型图案或肌理，抑或是款式的结构、色彩等，都可以成为橱窗创意设计的灵感来源（图 5-32）。

三、品牌当季的营销方案

品牌当季的营销方案，可以以时间段来划分，其中包括新品上市计划，以及一些重点节假日的营销策略。在这些重点时期，如春装上市、劳动节、秋装上市、国庆节和春节期间，品牌必然需要进行有针对性的重点陈列设计。陈列设计师在这个时候要通过应季的橱窗陈列设计明确地提醒每一位路过的顾客新品的上市和节日的到来。因此，设计方案的灵感来源，可以从这些时间段的代表特征中去发掘。要注意的是橱窗创意的表达既要明确地体现该时间段的特点，又要新颖而不落俗套（图 5–33）。

四、消费者的需求、体验和时代文化生活

不同的品牌其主体消费群体存在各方面的差异，这些差异是橱窗创意设计构思的前提。陈列师可以从消费者当下的生活方式、文化喜好、关注热点话题、社会环境等因素出发，寻找切入点，然后采用引导消费者群体生活方式的设计路线进行橱窗创意表达。因为，在商品社会中，服装品牌所代表的生活方式和所表达的趣味成为影响人们着装选择的主要因素，如何穿着被如何消费所代替。反映消费者的需求、体验和时代文化生活的这种橱窗陈列方式往往更加能引起消费者的共鸣（图 5–34）。

图 5–33　哈罗斯百货的蛇年橱窗

图 5–34　浪万的橱窗。苹果 imac 电脑出现在浪万的橱窗中，一位摩登女郎斜倚在地板上，右手握着香槟酒瓶，左手拿着 Ipod 下载音乐，头顶戴着耳麦同时试听，完全是一幕当代的时尚青年乐享音乐的场景。消费者通过这些元素添加在自己的身份识别系统之中，这是新人类谋求自我价值的“梦想”状态

图 5-35 创意灵感：路易威登的经典纹样星星、四瓣花组合成的经典字母组合图纹；形态：液体滴落、放射线形；色彩：黄灿灿的金属色；材质：金属；路易威登的包是众星捧月的焦点，熠熠生辉，每一件产品的诞生都是不可取代的经典，浓缩了 150 多年品牌的精华

图 5-36 创意灵感：路易威登的箱包以及路易威登 商标、星星、四瓣花组合成的经典字母组合图纹、圣诞节；形态：大量箱包的重叠堆积；色彩：朦胧又喜庆的灯光效果；材质：皮质、纸质

五、姊妹艺术

艺术对时尚有重要影响，每一个历史时期有代表性的文化艺术思潮都能引发时尚新面貌。在艺术创造活动领域中，各种艺术有其各自特点，它们相互区别又相互联系、影响和启发。作为橱窗艺术设计也是如此。因此橱窗设计师在设计构思中可以从其他艺术领域得到诱发和启示。陈列师可以从古典绘画到印象派的色彩风格，从洛可可艺术到当代艺术表现形式，从蒙德里安的抽象到杜尚的波普，从东方到西方找到美的启发，从而丰富设计方法和表现手段。

六、自然界

随着现代工业对环境的破坏和都市化进程的快速发展，人们开始关注自然生态，因而所能感知的自然界中的元素也越来越多。橱窗设计师也可以以此为契机，从自然界提取灵感，并通过感性认识和理性分析，判断、归纳、综合，加以创作应用，为设计提供取之不尽、用之不竭的素材。

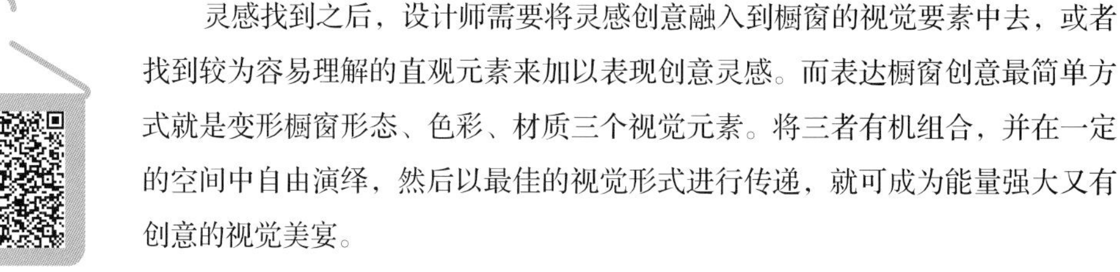

灵感找到之后，设计师需要将灵感创意融入到橱窗的视觉要素中去，或者找到较为容易理解的直观元素来加以表现创意灵感。而表达橱窗创意最简单方式就是变形橱窗形态、色彩、材质三个视觉元素。将三者有机组合，并在一定的空间中自由演绎，然后以最佳的视觉形式进行传递，就可成为能量强大又有创意的视觉美宴。

橱窗广告类道具材料

在表达橱窗创意中，形态、色彩、材质都是以品牌理念和品牌风格进行变形和演绎的。同一个品牌橱窗虽然创意不同，但是品牌基因这一核心始终要得以传承，如图 5-35、图 5-36 所示，两个橱窗虽然采用不同的主题、不同的创意，不同的材质、不同的色彩倾向、不同的形态组合，但通过星星、四瓣花图形元素的注入，让受众一眼就能看出这肯定是 LV 品牌。

橱窗常用道具材料

知识点五：橱窗设计法则

扫码学习
橱窗基础组合

最后，当陈列师确定橱窗主题视觉元素并对其进行合理有效的创意组合，陈列设计师需要运用艺术设计法则，对橱窗进行整体把握，从而达到橱窗形象艺术美的三个层次：切题、和谐、出彩。

一、平衡法则

平衡法则是运用对称、均衡的艺术手法，重点设计所陈列服装的色彩与形态因素的统一协调，在橱窗设计构图中最常用，从商品与商品的布局平衡到模特与模特之间的平衡，随处可见。

运用平衡法则时，可以设想在橱窗的中心有一条虚拟的对称轴或对称画面，商品以对称轴或对称面为中心，往两边依次排开，在实际案例中，可以把一件商品摆放在中心或者靠近中心的位置，来形成实体的对称中心，它所表达的是庄重、大方、稳定的视觉感受，多用于女性服装的中性化风格或男性经典风格橱窗陈列（图 5–37、图 5–38）。

二、焦点法则

焦点法则是运用对比、强调、夸张的艺术设计手法，统一构思橱窗陈列的色彩、灯光、形态、结构及材质这几个方面，达到突出表现重点商品的效果。

常用的焦点法则手法有：运用灯光或强对比的色彩搭配，最能表现出焦点的感觉；材质对比以及点、线、面、体的形态综合对比都能有效地突显出想要表达的焦点商品；对形态的强调也能制造焦点，强调夸张意味着形态不按照常规的比例或针对某一形象的特征予以强调表现，这些强调夸张形态会形成具有生动趣味感的设计表现，构成与众不同和颇具艺术张力的视觉观感（图 5–39）。

三、色序法则

色序法则是运用节奏、韵律等艺术设计手法，构思重点一般在橱窗所陈列的时装、背景及饰物的色彩

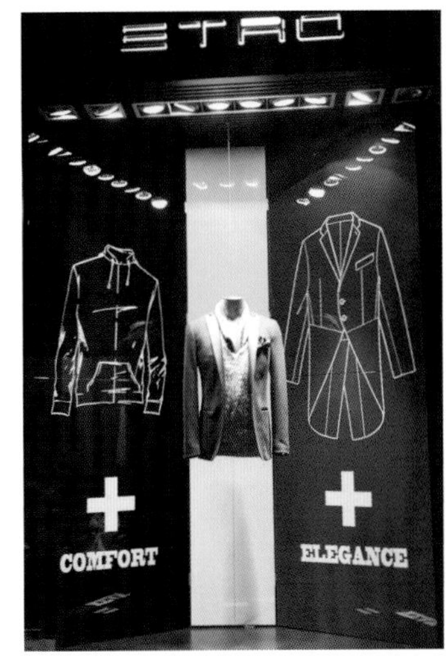

图 5–37　橱窗平衡法则运用

图 5–38　橱窗平衡法则运用

图 5–39　简洁的背景、大面积的礼服展示，加上直接照明，强烈地表达了该品牌的主推商品

橱窗色彩搭配

关系上。有序的色彩会使服装陈列的主题鲜明，从而形成强烈的视觉冲击。在运用色序法则时，可混合采用渐变搭配和对比搭配的方法，在具体运用上有色相有序，如彩虹式色序搭配法；有纯度有序，如琴键式搭配法；有明度有序，如光谱式色序搭配法等几种形式。

在设计橱窗色彩时，要使用标准色卡确定色彩。色卡的使用可以使橱窗色彩调子明确、统一而浪漫，也可以达到雅致、和谐、自然的色彩效果，突出商业文化的艺术性，达到视觉舒适，吸引消费者的目的。橱窗内使用的色彩不仅要考虑整个自身店面的统一和整体效果，而且还要考虑与毗邻商铺用色的协调性，排列在一起的效果。色卡分以下三组：

（一）主调基本色卡系列

一般不使用艳度高的浓重色彩及低明度色彩，多数选择色阶中间靠上的和谐色彩（图 5–40）。

（二）辅助色卡系列

扩充了主色调系列色卡范围，与主色调色卡搭配成色系，一般也不选择艳度（纯度）高的色彩。

（三）点缀色系列

选择艳度较高、比较明确的色彩，在局部、小面积运用，起到画龙点睛的作用（图 5–41）。

四、搭配法则

搭配法则是运用调和的艺术设计手法，重点构思的是服装的搭配，一般用在种类不同、风格相近的服装陈列中。当然，橱窗商品陈列搭配，还包括服装与配饰之间的搭配、服装与道具之间的搭配。恰到好处

图 5–40　以卡其色调为主的橱窗

图 5–41　点缀色的应用

的搭配可以让顾客消费欲望倍增。在采用搭配法则进行多种商品陈列时，必须用明确的主题贯穿，这样才能相得益彰。

（一）多样有序

多样法则是运用渐变、对比的表现手法，重点构思所表现的服装与道具、装饰之间的色彩、形态因素。在多样法则下，各款服装色彩的色调应该保持一致，道具和装饰品的色彩要起到衬托作用，而不能喧宾夺主；模特形态的动、静应保持基本的一致；系列服装的陈列适合用反复、渐变、对称与均衡、节奏与韵律的手法，平衡、有序地进行多样陈列。

色彩的多样，要求把握橱窗的色调具有统一性（图 5-42）；形态的多样，要求把握形态要素具有某种共性。只有如此，才能保持橱窗不会处于凌乱状态。而对于一组色彩简单的服装，陈列师可以靠模特形态的多样性和道具的多样性来取胜（图 5-43），而如果服装色彩丰富，陈列师则需要限制或少用装饰，模特的造型也可以相对简单。

（二）重复变异

重复法则是运用重复的艺术表现手段，重点构思所陈列服装、道具的结构与形态因素，通过对某一款服饰或装饰道具进行重复使用而起到强化作用的展示。适当的重复会使陈列的主题鲜明，使其具备很强的视觉效果，让消费者清楚地知道这一季的主推产品和主打颜色，以加深对品牌季节服装的认知。

在应用重复法则时，并不需要百分之百的重复，也可以在重复中有变异。比如，当对搭配装饰的辅助商品采用重复时，就可以对主推的商品进行变异，或对主推的商品在色彩上采取变异，以此来突出主要商品。重复法则的运用可以是橱窗里面的任何视觉元素，可以是服装本身，也可以是道具，也可以是装饰品等。橱窗设计可以通过重复法则营造出让观者震撼的视觉效果，从而牢记于心（图 5-44）。

橱窗设计的法则通常是要综合运用的，无须拘泥于某种特定的方法而忘记使用其他的设计法则。同时，在使用各陈列法则时，不要忘记陈列设计的目的是进行视觉营销，不能只是单纯追求橱窗的艺术美，而忽略了橱窗设计的商业性目的。

图 5-42 橱窗补色的运用，用纯度进行了协调

图 5-43 模特姿势的前后和朝向变化以及照明道具的错落有致，弥补了色彩的统一性带来的单调感

图 5-44 模特动态重复、发型重复，变异的是第一个模特所穿服装色彩与其他两个模特的深浅变化。模特姿势的统一，造成了橱窗视觉效果的震撼力，色彩的变化，带来了橱窗的活泼感和设计感

一、填空题

1.__________ 围绕着一个转角展开，这种橱窗中的商品群组应该朝向弧形的中心布置。

2. 橱窗的作用是 ______________________________、__________。

3. 橱 窗 设 计 的 常 用 主 题 主 要 有 __________、__________、__________ 、__________、__________，这五类。

4. 橱窗设计的灵感来源于：__________________、__________________、__________________、__________________、__________________、__________________、__________________。

5. 根据橱窗展示的开放程度，橱窗分为：__________、__________、__________、__________。

二、选择题

1. 根据橱窗展示内容，橱窗陈列分为（　　）

A 综合式

B 专题式

C 特写式

D 电动式

2.（　　）橱窗的最大特点就是与卖场陈列连在一起，与卖场内部空间浑然一体，具有足够的亲和力。

A 封闭式

B 半封闭式

C 开放式

D 店内陈列橱窗

3. 橱窗设计的基本原则是：（　　）

A 考虑顾客的最佳视觉体验

B 橱窗和卖场要形成一个整体

C 要和卖场中的营销活动相呼应

D 主题要简洁鲜明，风格要突出

4. 橱窗设计法则有：（　　）

A 平衡法则

B 焦点法则

C 色序法则

D 搭配法则

5. 在橱窗的设计中，重点往往不在绘画中的（ ）部分，而往往是处在绘画中的（ ）部分。（ ）在橱窗设计中往往作为烘托层次。

A 近景

B 中景

C 远景

D 前景

《视觉营销：橱窗与店面陈列设计》

（英）摩根著，毛艺坛译的《视觉营销：橱窗与店面陈列设计》，2014 年 5 月由中国纺织出版社出版。该书从视觉营销的发展史、视觉陈列师的角色、店铺设计、橱窗展示、店内陈列、人形模特以及视觉陈列师的工作室等方面进行了全面细致的讲解。

《橱窗设计》

艺力文化的《橱窗设计》2015 年 10 月由岭南美术出版社出版，何为好的橱窗设计？如何打造优秀的橱窗作品？站在专业的视角，该书中各国设计师给出了自己的见解，并与读者分享一些优秀的代表性橱窗案例。

《商业空间店面与橱窗设计》

赵文瑾，宋鸽，于斐玥编著的《商业空间店面与橱窗设计》，2015 年 8 月由北京大学出版社出版，全书以现代城市的多元文化为背景，以包容、开放的美学观点，提出现代商业空间店面与橱窗的设计理念。该书结合实际案例，简述了商业空间店面与橱窗的发展和设计流程。结合人体工程学、色彩学和照明设计，分析店面和橱窗设计的要素与方法等相关知识，从店面橱窗主题式角度研究、归纳商业空间店面橱窗主题式设计的方法与手段。

《视觉营销战略 用视觉的力量解决问题》

宇治智子编著的《视觉营销战略 用视觉的力量解决问题》，2016 年 7 月由机械工业出版社出版，该书由两部分构成，前半部分，主要介绍用视觉设计思考与解决问题的方法；后半部分，主要介绍为培养设计感而应从专业设计中学到的设计基础知识。该书所提倡的视觉营销战略，赋予了企业一个解决问题的全新视点，那就是——设计。无论是企业还是个人，在成长发展的过程中都会遇到一些阻碍，若想得到成长，就避免不了有碰壁的时候。此时若单纯地使用商业逻辑来分析问题就可能有局限性，但若懂得通过“视觉化”“设计”来谋划营销战略，那就可能实现所谓的“创造性跳跃”（Creative Jump）和“突破”（Break Through）。

《时装品牌橱窗设计》

李楠著的《时装品牌橱窗设计》，由中国纺织出版社于 2015 年 11 月 出版。该书帮助读者认识时尚橱窗的形式和功能，准确解读橱窗设计的方法，思考橱窗文化的理念，旨在从视觉营销的角度来诠释和推动时装潮流与社会风尚。

项目6 卖场陈列调研

项目引言

企业之间的竞争，不仅是战略的竞争、产品的竞争、人才的竞争和服务的竞争，更是信息的竞争。信息作为一种特殊的生产要素，已经成为一项决定企业发展的关键因素。

陈列卖场调研是识别和界定竞争企业品牌战略、产品信息、营销手段、服务信息和存在问题等的有效手段，也是有针对性地制定出终端陈列策略的前提。要收集陈列卖场信息就要全面建立正确的信息收集理念，只有正确的信息反馈才有可能取得预期的目的。

该项目知识目标是让学生掌握卖场陈列调研的方法、内容，技能目标为学生能够结合陈列理论，对卖场进行调研和分析。

本项目完成的任务如下。

任务八：

调研服装卖场并撰写陈列调研报告。

项目实施

任务八：

调研服装卖场并撰写陈列调研报告。

1. 任务目标

通过实际训练，学生能够结合给定的要求并应用陈列理论，对卖场进行科学调研和分析。

2. 任务八学时安排（表 6-1）

表 6-1　任务八学时安排

	技能内容与要求	参考学时	
		理论	实践
1	任务导入分析	1	
2	必备的知识学习	2	
3	卖场现场信息采集与整合		6
4	卖场调研分析		8
5	卖场调研总结		4
6	卖场调研总结汇报		3
合计		3	21

3. 任务基本程序和考核要求

（1）分组：每组 3 ～ 4 人。

（2）任务分析：对已获得的校企合作项目或教师自拟任务进行分解。

（3）卖场现场信息采集与整合：根据给定的调研要求，运用一定的调研手段，采集卖场现场陈列信息，调研内容详实，搜集的资料和信息真实有效。

（4）卖场调研分析：运用陈列的基础理论知识，结合卖场现状，对卖场进行合理的分析。

（5）卖场调研总结：针对调研结果，撰写卖场总结报告。总结要求：利用电脑绘制图表并结合卖场照片来表达调研内容和分析结果。调研分析内容完整、条理清晰，效果图和图片画面干净、绘制精准。

（6）卖场调研总结汇报。要求：汇报思路清晰，PPT 制作精美。

（7）调研内容包含：品牌定位、卖场空间规划、卖场陈列手法、客流动线、陈列维护等。

项目达标记录

项目总结

学习资料索引

知识点一：卖场陈列调研作用

一、制定卖场陈列方案的基础

企业要制定终端卖场的陈列方案，首先需要对市场进行准确的了解和细致分析。通过终端卖场陈列调研，找到产品的潜在市场需求和销量的大小，了解货品库存、价格、款式特征等情况，了解消费者对产品的意见、态度和购买心理行为习惯，了解卖场空间格局、环境和存在问题，从而确定产品的陈列方案以及卖场空间的规划。

二、评估陈列策略的基础

通过卖场陈列调研，可以了解企业的陈列方案的实际效果和预期目标之间的差距，并找出造成差距的原因，改进、产生新的终端卖场营销方案。卖场陈列调研是企业研究市场的重要工具。如果企业不了解终端卖场陈列状况，就确定新的陈列策略，则等于不知道哪里需要灌溉却已开始打井。

三、制定产品策略的基础

卖场陈列调研可以帮助企业发现市场需求，从而为企业制定产品策略，提供依据。如企业在做终端市场调研时，会得到相应的长效产品信息、同类产品价格信息、同类产品传播策略等，为企业制定正确的产品营销策略提供重要的基础参考依据。

四、企业确定发展方向的基础

卖场陈列调研可以帮助企业真正发现末端消费者的需求程度，并测量市场上现有产品结构及陈列营销策略是否能够满足需求。如果顾客需求尚未满足，那正是企业可以开拓的潜在市场。借助陈列卖场调研，企业能够及时发现并抓住新的市场机会，调整制定新的市场策略，开发新产品，开拓新市场，为企业确定发展方向提供基础依据。

五、了解、掌握其他品牌的品牌战略及陈列方式

品牌个性赋予卖场独特的视觉形象。通过卖场陈列的调研，可以了解掌握目标品牌的风格、理念、消费者定位、产品定位等品牌战略。作为品牌运作中的终端营销场地，通过调研目标品牌的陈列，能使陈列人员学习到优秀品牌的陈列技巧，还能了解目标品牌的营销战略。

知识点二：卖场陈列调研原则

市场调研作为一种研究手段，已经被广泛应用到各行各业，与卖场陈列相结合的市场调研则是一种全新的研究方法。卖场陈列调研的重要环节主要有两个方面：信息收集和调研分析。信息收集是为调研分析提供数据；调研分析是对信息数据的剖析并写出调研报告，企业陈列方案、管理计划等是根据调研的报告来制订的。因此，卖场陈列调研中信息收集和调研分析这两个环节非常重要，主要遵循以下原则。

一、客观原则

客观原则是做好卖场陈列调研的关键。参与终端调研的人员必须以公正和中立的态度对市场情报资料进行记录、整理和分析处理，尽量减少主观的偏见和错误。如果研究的目的仅仅是论证事先“意见”的正确性，那就只是在浪费时间和资源。在调研中如果调研人员故意倾向于达到某种预定的结果，则将严重影响整个调研的客观性。

二、系统原则

卖场陈列调研的系统原则是指企业在进行终端卖场陈列调研时，必须做好周密的计划和安排，包括信息资料的来源、收集方法以及拟采用的分析技术，所研究信息的价值，时间进度的安排，以保证调研工作有序进行。

三、科学原则

科学原则要求卖场陈列调研要在系统和客观的基础上使用科学理性的方法进行调查和研究分析，以得出准确而有效的结果。

四、实用原则

由于卖场陈列的调研不同于企业所做的战略性的市场调研，它往往是以微观的方法，从局部目标市场或直接的陈列目的出发的，所以应更具体、更直接、更实用。

五、节约原则

节约原则是指企业在进行卖场陈列调研时应遵循以下原则：实实在在，不图虚荣；力所能及，不必花费太大成本；节约财力，但不要节约“体力”；尽可能采用画图、填表、归档的方式，单靠人的头脑记忆是不可靠的。总之，企业应根据具体情况身体力行。

六、多渠道原则

采集资料的真实性和有效性对调研分析的科学性产生着直接的影响，而采集资料的真实性和有效性直接取决于信息采集的调研方法。多渠道原则强调企业要灵活地采取各种方法收集卖场陈列相关信息。以下是几种可行的做法：一是训练和鼓励相关人员去发现和报告新发展的情况；二是鼓励分销商和其他伙伴把重要的信息及时报告企业；三是可以向相关信息机构购买重要信息；四是要建立信息中心以收集和传递陈列情报，并制作成《陈列简报》，送给决策者参阅；五是提倡企业高层领导亲自到市场一线，通过走访卖场掌握市场陈列信息、寻找市场感觉。

知识点三：卖场陈列调研内容

一、卖场的环境分析

（1）卖场所处城市。

（2）卖场所处商圈。

（3）周边客户及购买力分析。

（4）地区功能性分析等。

分析卖场的周边环境，可以界定该卖场所属类型。一般卖场级别越高，所选择的地段会越好，不同级别的卖场，陈列策略侧重点也不一样。比如银座是位于东京中央区的一个有代表性的繁华街区，以高级购物商店闻名，与巴黎的香榭丽舍大街、纽约的第五街并列为世界三大繁华中心，香奈尔在此开设其世界最大的旗舰专卖店；又比如阿迪达斯的旗舰店一般会开在上海、北京等一线城市，而其 B 类和 C 类卖场一般会占据二三线城市。

二、品牌定位分析

（1）品牌历史。

（2）品牌定位（理念、品牌风格、产品设计风格、时尚度、商品品类、不同商品品类价格带、品牌营销推广方式、目标消费者群体定位、生活方式定位等）。

品牌风格及理念的调研和界定，为卖场陈列调研反馈的风格主题是否正确提供依据；卖场陈列最终目的是促进产品的销售和品牌文化的传播。因此，了解品牌的相关信息，有助于发现卖场陈列营销思路。

三、卖场空间规划

（1）卖场面积（可区分大中小店，划分标准，列出区间）。

（2）卖场朝向和空间规划（“朝向”除方向外还指对面情况描述、卖场内部布局、橱窗位置）。

（3）货架分布和陈列区域分布。

（4）灯位图。

（5）其他（周边品牌分布）。

（6）优劣势分析。

调研卖场面积大小，可以界定该卖场是属于大、中、小店中的哪类卖场，调研卖场朝向和邻近卖场情况、卖场内部空间规划和陈列布局、橱窗设计等，可以界定卖场的陈列实施方案，通过调研和资料收集，运用掌握的陈列原则、陈列形式和顾客行为等可以分析该卖场的优点、缺点和提出建议。

四、卖场陈列

（1）色彩组合手法的运用（近似、对比、彩虹、呼应……）。

（2）构成手法的运用（平衡感把握、节奏把握、“三易原则”的把握）。

（3）展示区、容量区、橱窗等的划分和展示情况分析。

（4）流水台、模特、正挂、侧挂、叠装、饰品架等分类分析。

（5）灯光及人体工程学运用。

（6）通道设置分析。

（7）店堂音乐和气味分析。

（8）销售人员外形及着装分析。

（9）总结：优劣分析，提出建议。

通过具体的产品陈列调研，运用科学的陈列技巧、人体工程学、美学、营销学等相关学科，对卖场陈列做分析，诊断其优缺点，提出建议。

五、卖场客流

（1）客流量：单位时间内经过卖场的顾客人数。

（2）进店量：单位时间内进入卖场的顾客人数。

（3）进店率：单位时间内进入卖场的顾客人数与经过卖场的顾客人数的比率。

（4）触摸率：单位时间触摸产品的顾客人数与进入卖场顾客人数的比率。

（5）试穿率：单位时间内试穿服装产品顾客数与进入卖场的顾客人数的比率。

（6）成交率：单位时间内购买服装产品顾客数量与进入卖场的顾客人数的比率。

（7）连带销售：单位时间内，购买产品总数与销售单数的比率。

（8）客流动线：单位时间内，在卖场顾客的行走路线（表 6–2）。

卖场客流的调研，能反映卖场所在位置的兴旺程度以及部分的反映陈列和连带销售陈列的科学性。

表 6–2 客流动线

统计项目	统计结果	抽样时间	备注
客流量	153 人	16:00-17:00	女 63.4，男 36.6%
进店量	7 人	16:00-17:00	女 85.7%，男 14.3%
进店率	4.6%	16:00-17:00	/
触摸率	100%	16:00-17:00	A 点 80%，B 点 10%，C 点 60%，D 点 50%
试穿率	12.5%	16:00-17:00	A 点 50%，D 点 50%
成交率	0%	16:00-17:00	/
连带销售比	0	16:00-17:00	无售出

六、卖场陈列维护

（1）店面形象维护：硬件环境形象、店面商品形象维护。

（2）店内形象维护：硬件环境形象、店内商品形象维护。

（3）器架道具维护：陈列器架的形象维护、功能维护。

（4）照明与设备维护：卖场灯光设备基础照明、重点照明、装饰照明功能维护。

（5）店员表现：形象表现、陈列表现。

陈列维护的深入调研可以反映终端卖场的陈列相关人员的陈列执行情况，终端陈列的维护是企业陈列效果得以完整体现的关键一环。假设企业陈列师推出了很完美的陈列方案，但是在卖场终端没有很好的维护，就会起到事倍功半的效果。

七、信息分析反馈

当完成品牌卖场的调研内容以后，还应该对调研的信息内容进行整合分析，从而得到市场调研最终目的，完成调研任务。

知识点四：卖场陈列调研报告的撰写

当一切调查和分析工作结束之后，必须将这些工作成果展示给陈列相关部门。那么，首先需要明确的是：报告应采取什么样的结构体系、什么样的方式来表达数据的含义？

一般市场调研报告的结构体系应包括调研目的、调研方法、调研范围以及数据分析在内的一系列内容。这种体系基本上在每个同类型的报告中都适用，因此，也同样适用于卖场陈列调研。格式一般由标题、目录、概述、正文、结论与建议、附件等几部分组成。具体如下。

一、市场调查报告的格式

（一）标题

在标题上，一般要把被调查品牌、调查内容明确而具体地表示出来，如《Jack&Jones 品牌陈列调研报告》。

标题和报告日期、委托方、调查方，一般应打印在扉页上。

（二）目录

如果调查报告的内容、页数较多，为了方便读者阅读，应当使用目录或索引形式列出报告所分的主要章节和附录，并注明标题、有关章节号码及页码，一般来说，目录的篇幅不宜超过一页。例如：

目 录

1. 概述

2. 卖场环境分析

3. 品牌定位分析

4. 卖场空间规划

5. 卖场客流分析

6. 卖场陈列分析

7. 陈列维护分析

8. 附件

（三）概述

概述主要阐述任务的基本情况，它是按照市场调查任务的顺序将问题展开，并阐述对调查的原始资料进行选择、评价、作出结论、提出建议的原则等。主要包括三方面内容：

第一，简要说明调查目的。即简要地说明调查的由来和委托调查的原因。

第二，简要介绍调查对象和调查内容，包括调查时间、地点、对象、范围、调查要点及所要解答的问题。

第三，简要介绍调查研究的方法。介绍调查研究的方法，有助于使人确信调查结果的可靠性，因此，对所用方法要进行简短叙述，并说明选用方法的原因。例如，是用抽样调查法还是用典型调查法，是用实地调查法还是文案调查法，这些一般是在调查过程中使用的方法。如果部分内容很多，应有详细的工作技术报告加以说明补充，附在市场调查报告的最后部分的附件中。

（四）正文

正文是市场调查分析报告的主体部分。这部分必须准确阐明全部有关论据，包括问题的提出到引出的结论、论证的全部过程、分析研究问题的方法，还应当有可供市场活动的决策者进行独立思考的全部调查结果和必要的市场信息，以及对这些情况和内容的分析评论。

（五）结论与建议

结论与建议是撰写综合分析报告的主要目的。这部分包括对引言和正文部分所提出的主要内容的总结，提出如何利用已证明为有效的措施和解决某一具体问题可供选择的方案与建议。结论和建议与正文部分的论述要紧密对应，不可以提出无证据的结论，也不要没有结论性意见的论证。

（六）附件

附件是指调查报告正文包含不了或没有提及，但与正文有关必须附加说明的部分。它是对正文报告的补充或更详尽说明。包括数据汇总表及原始资料背景材料和必要的工作技术报告，例如为调查选定样本的有关细节资料及调查期间所使用的文件副本等。

二、市场调查报告的内容

市场调查报告的主要内容：

第一，说明调查目的及所要解决的问题。

第二，介绍市场背景资料。

第三，分析的方法，如样本的抽取，资料的收集、整理、分析技术等。

第四，调研数据及其分析。

第五，提出论点。即摆出自己的观点和看法。

第六，论证所提观点的基本理由。

第七，提出解决问题可供选择的建议、方案和步骤。

第八，预测可能遇到的风险、对策。

一份合格而优秀的报告，应该有明确、清晰的构架，简洁、清晰的数据分析结果。通常情况下数据分析结果是采用图表表示的。图表是最行之有效的表现手法，它能非常直观地将研究成果表示出来。那么，在选择图表类型时，先明确数据所表达的主题，然后确定可能使用的图表类型。一份合格的报告不应该仅仅是简单的看图说话，还应该结合项目本身特性及项目所处大环境对数据表现出的现象进行一定的分析和判断，当然一定要保持中立的态度，不要加入自己的主观意见。

最后，通常的市场调研报告都会有一个固定的模式，我们应该根据不同任务的不同需要，对报告的形式、风格加以调整，使市场调研报告能够有更丰富的内涵。

卖场陈列调研案例

Jack & Jones 品牌陈列调研报告

调研时间：

调研地点：

小组成员：

调研内容：1. 品牌定位分析

2. 卖场规划

3. 客流分析

4. 卖场陈列

5. 陈列维护分析

一、品牌定位分析

（一）品牌理念

欧洲服饰品牌，是丹麦 Bestseller 集团旗下的主要品牌之一，在全球 18 个国家和地区均设有形象店。

简洁纯粹为其设计理念，设计注重国际化理念，追求都市情结，高品质时兴、新颖的面料制作，轮廓鲜明而朴实的风格，迎合国际大都市男士的生活品味。

该品牌是男生青春装里非常流行的品牌，与女装的 Only、Veromoda 同属丹麦的 Bestseller 公司。主要经营休闲、正装等男装品类和各种配饰。

（二）品牌历史

Bestseller 于 1990 年推出 Jack&Jones 品牌，1991 年第一家 Jack&Jones 店在挪威特隆赫姆开业。从此以后，Jack&Jones 在欧洲和中东已经开设了 341 家直营店和 1720 家代理店。目前在澳大利亚、丹麦、芬兰、比利时、德国、英国、冰岛、爱尔兰、科威特、拉脱维亚、黎巴嫩、荷兰、挪威、西班牙、瑞典、瑞士、阿拉伯联合酋长国、北爱尔兰和中国都有 Jack&Jones 专卖店。绫致时装于 1999 年将 Jack&Jones 品牌引入中国，目前已在中国北京、上海等城市开设近 200 家专卖店。

（三）商品品类

（1）服装功能分类

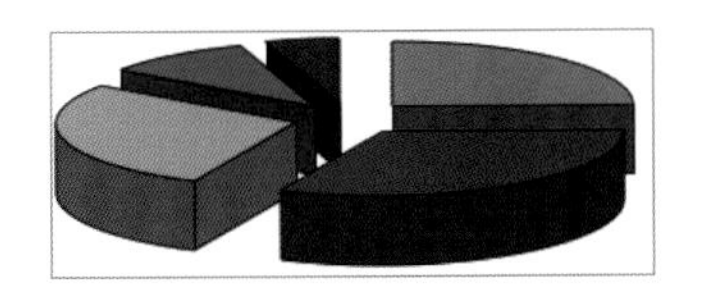

外套 25%　裤子 32%
毛衫 28%　衬衫 10%
T 恤 5%

（2）服装主题分类

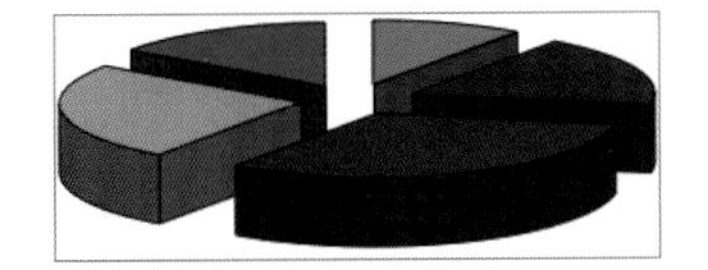

年轻牛仔 10%　经典牛仔 18%
时尚休闲 32%　运动休闲 25%
商务休闲 15%

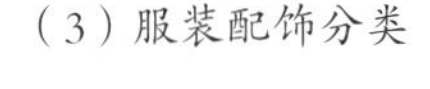

（3）服装配饰分类

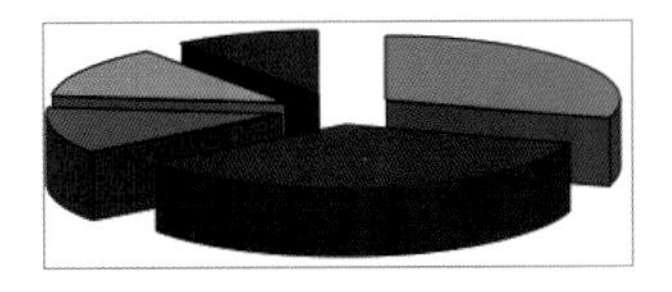

围巾 30%　皮带 35%
内裤 12%　袜子 13%
包 10%

（四）价格分析

（1）服装商品价格线分析。

服装最低价格线：169 ～ 349 元。

服装品类：T 恤、衬衫。

目标卖场最低价格线服装产品占比：15 %。

服装中档价格线：399 ～ 1299 元。

服装品类：卫衣、毛衣、夹克、棉服、牛仔裤、风衣、休闲裤、单西。

目标卖场中档价格线服装产品占比：75%。

服装最高价格线：1699 ～ 2499 元。

服装品类：皮衣。

目标卖场最高价格线服装产品占比：10 %。

（2）配件商品价格线分析。

配件最低价格线：29 ～ 79 元。

配件品类：袜子、内裤。

目标卖场最低价格线配件产品占比：28 %。

配件中档价格线：129 ～ 249 元。

配件品类：手套、帽子、围巾、皮带。

目标卖场中档价格线配件产品占比：62 %。

配件最高价格线：299 ～ 499 元。

配件品类：包、鞋子。

目标卖场最高价格线配件产品占比：10 %。

（五）顾客定位

性别定位：男性。

年龄定位：18 ～ 40 岁。

收入阶层定位：3000 ～ 8000 元。

职业定位：各个专业领域的精英，受雇于外国企业或繁忙于国际间的商务往来人士。

消费能力定位：牛仔裤 399 ～ 699 元，衬衫 299 ～ 399 元，外套一般都在 500 元左右，皮衣 1800 元左右。

其他特征的定位：机敏、明智、受过良好教育、热衷社会活动，关注世界动向，勇于接受挑战并视之为动力，对现代服装有着自己独特感受，崇尚个性、讲究品味。

（六）生活方式定位

针对年龄在 18 ～ 40 岁的喜欢穿着随意、流行和时尚的男士们设计。

采用高品质、时兴和新颖的面料制作的服装。适合在办公室、街头、运动场所、大学校园穿着。

二、卖场规划

（1）卖场平面示意图（图 6-1）。

（2）卖场主题区域划分（图 6-2）。

（3）卖场销售区域划分（图 6-3）。

三、卖场客流分析（图 6-4、表 6-3）

优点：客流动线多样，从前场到后场有较好的 PP 区，能引导顾客进入后场，基本能让客人到达卖场的所有区域。

问题：流水台和高架距离过近，通道不够顺畅。与思莱德（SELECTED）品牌分区不清晰。

改进：中岛与流水台组合储货，以留出更宽敞的通道。

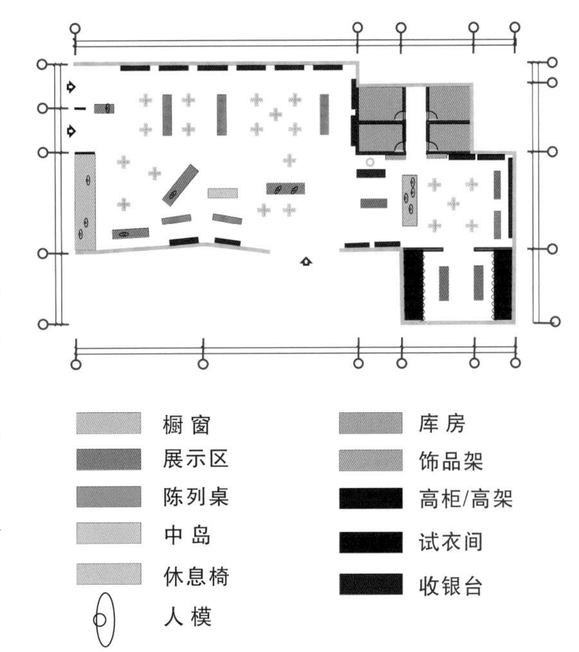

图 6-1　卖场平面示意图

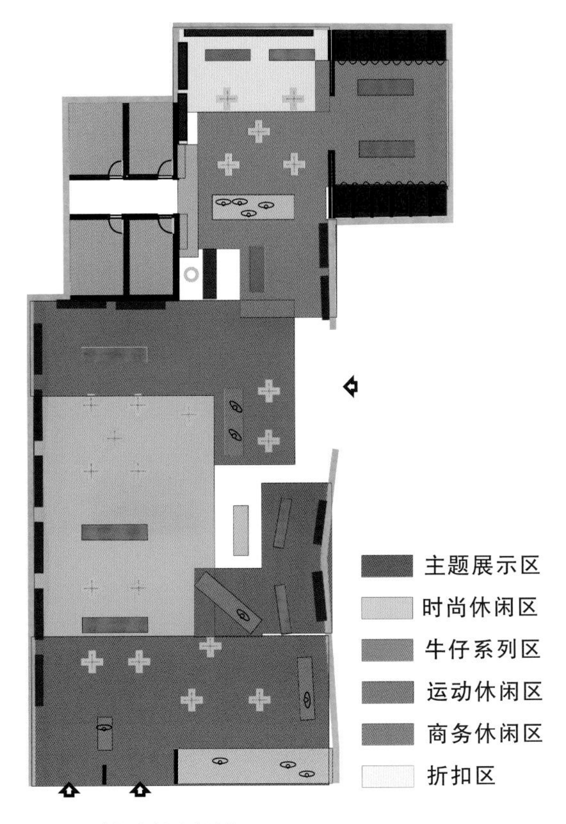

图 6-2　卖场主题区域划分

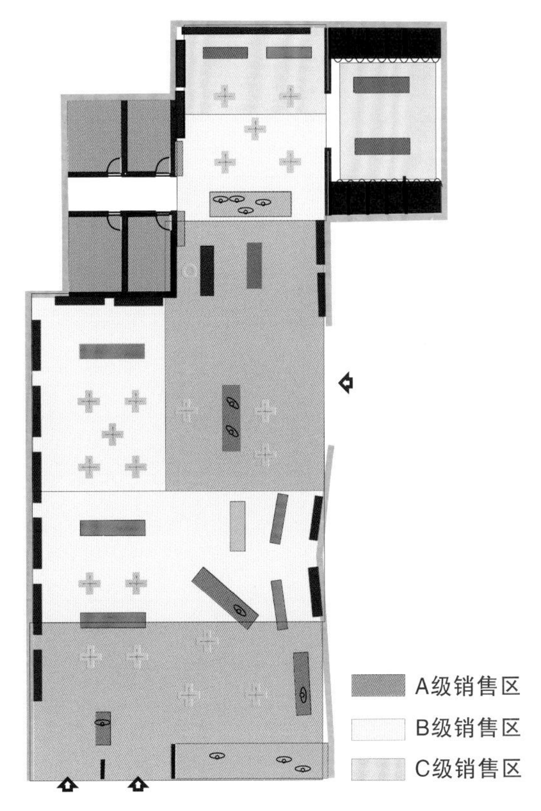

图 6-3　卖场销售区域划分

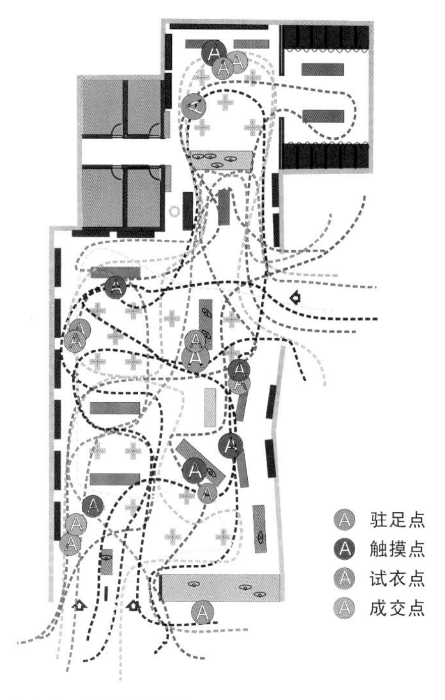

图 6-4 卖场客流分析

图 6-5 入口陈列

四、卖场陈列

1. 入口陈列（图 6-5）

卖场入口商品品类：毛衫、针织。

卖场入口商品价格线：299 ～ 499 元。

卖场入口货架陈列方式与容量

陈列方式：正挂、侧挂、折叠。

容量： 50 ～ 55 件。

卖场入口商品陈列手法：点对称、色系呼应。

卖场入口商品陈列细节：商品颜色较为鲜艳，目的吸引顾客入店。

2. 中岛陈列

卖场中岛商品品类：夹克、单西。

卖场中岛商品价格线：599 ～ 899 元。

卖场中岛货架陈列方式与容量

陈列方式：正挂、侧挂

容量：20 ～ 24 件。

卖场中岛商品陈列手法

颜色间隔、重复。

卖场中岛商品陈列细节：夹克颜色偏重、内搭蓝色围巾，提高亮度。

3. 板墙陈列（图 6-6）

卖场板墙商品品类：单西、西裤、风衣、衬衫。

卖场板墙商品价格线：899 ～ 1299 元。

表 6-3　Jack & Jones 卖场客流分析

统计项目	统计结果	抽样时间	备注
客流量	162	12:30-13:00	
进店量	72	12:30-13:00	
进店率	44.4%	12:30-13:00	
触摸率	80%	12:30-13:00	
试穿率	8.2%	12:30-13:00	
成交率	1.2%	12:30-13:00	
连带销售比	0	12:30-13:00	

卖场板墙货架陈列方式与容量：

陈列方式：正挂、叠装。

容量：50 ～ 55 件。

卖场板墙商品陈列手法：重复。

卖场板墙商品陈列细节：上下装搭配和谐。

4. 橱窗陈列（图 6-7）

（1）橱窗主题

冬季、休闲时尚撒哈拉沙漠探险，主推羽绒背心、毛衣外套、夹克、迷彩裤装、牛仔裤，内搭卫衣、长袖 T 恤、配饰为帽子、围巾、旅行箱等，主推价格在 799 ～ 1299 元。

橱窗目标信息传达为：繁华都市的人们在紧张快节奏生活之余，在异国体验热情的撒哈拉文化，关注世界动向，勇于接受挑战并视之为动力，对现代服装有着自己独特感受，崇尚个性、讲究品味。

图 6-6　板墙陈列

图 6-7　橱窗陈列

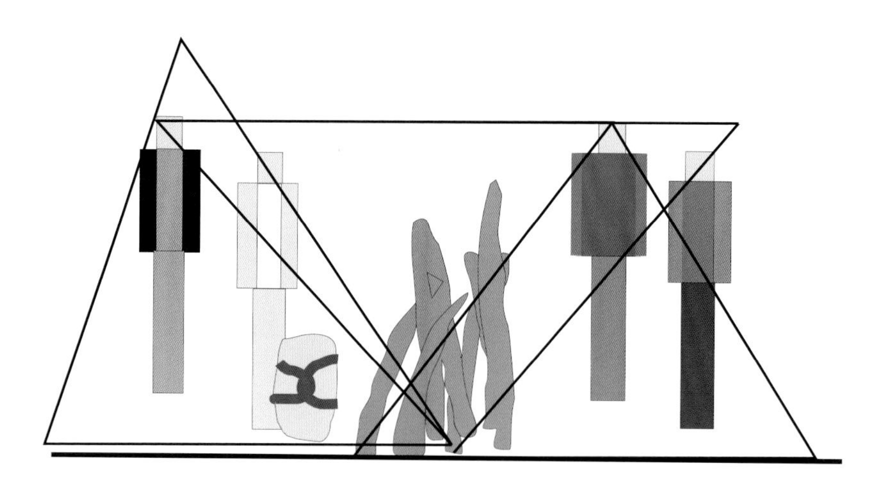

图 6-8 橱窗的复合三角构成、模特排列重复

（2）视觉手法

平面构成：复合三角、模特排列重复原则（图 6-8）。

（3）演绎手法

首先通过仙人掌、旅行箱等道具演绎撒哈拉沙漠探险主题，进行视觉吸引。

再通过拟人模特的整体着装搭配，传递时尚信息，引导消费者的生活理念，享受工作和生活的快乐。

（4）卖场橱窗陈列综合分析

优点：拟人模特造型和品牌风格相吻合，橱窗主题明确，氛围营造简洁鲜明，风格突出，重点照明效果较好，服饰整体搭配和谐。

问题：橱窗为通透式，与卖场关联性不够。

改进：建议在橱窗后部的卖场区域陈列与橱窗主推商品有关联性的商品，在色彩、款式风格上形成呼应，给顾客更强烈的感触，从而达到吸引更多顾客进店的目的。

（5）橱窗 / 形象主题关联

店内橱窗 / 形象主题关联区域、产品品类和价格线。

街头舒适：毛衣、羽绒、牛仔裤。

商品价格线：599 ～ 1299 元。

店内橱窗 / 形象主题关联产品陈列道具与陈列手法：仙人掌、美式橱窗、颜色呼应、对称原则。

综合分析

优点：橱窗形象区橱窗服饰搭配符合品牌定位；形象区创意独特；橱窗与形象区关联性强。

问题：区域划分 / 卖场区域划分 。区域划分不明显，卖场内主推款不明显，两个品牌衔接处没有明显的提示。

改进：卖场产品区域划分明显，主推款突出，卖场 POP 指示明确。

图 6-9　店面形象（一）

图 6-10　店面形象（二）

五、陈列维护分析

1. 店面形象维护（图 6-9、图 6-10）

（1）店面硬件环境形象：LOGO 醒目，无破损、入口宽敞无阻碍、橱窗通透明亮、地面洁净。

（2）店面商品形象：品类齐全、色彩丰富、有故事有主题、风格符合品牌定位。

2. 店内形象维护

（1）店内硬件环境形象：音响设备完好且正在使用，收银台整洁无杂物，休息凳摆放整齐，试衣间整洁无杂物，每间均有一套正挂出样，搭配风格统一 。

（2）店内商品形象：按系列分区展示，畅销品类重点集中展示，模特、正挂为主推新品展示，侧挂、叠装维护不及时，配件品类丰富，有集中展示区。

3. 器架道具维护

陈列器架形象维护：店内器架整齐摆放，无缺损，陈列器架的功能维护，模特、展示台、挂通、衣架使用正常，无损坏。

4. 照明与设备

（1）卖场灯光设备基础照明功能维护：店内照明良好，无瞎灯现象。

（2）卖场灯光设备重点照明功能维护：POP 海报，橱窗、模特、展台均有灯光照射，墙上半部的正挂有射灯照明。

（3）卖场灯光设备装饰照明功能维护：照明良好，无损坏。

5. 店员表现

（1）店员形象表现：统一着装，化淡妆，主动迎接，一对一微笑服务，态度热情。

（2）店员陈列表现：陈列维护不及时。

综合分析

优点：整体形象统一，主题清晰，区域划分有序。照明规范，重点突出。

问题：陈列维护不及时，展台有杂物，部分叠装凌乱，部分挂装吊牌外露。店员服务过于热情，不会根据不同顾客类型实施相应服务。

改进：增强店员品牌形象意识，区域责任划分需明确，陈列维护要及时考核。通过培训增强店员的服务水平，了解不同顾客的服务需求。

一、填空题

1. 陈列市场调研作用是：______________、______________、______________、______________等等。

2. 通过卖场陈列的调研，可以界定出目标品牌的________、________以及________、________。

3. 采集资料的________和________对调研分析的科学性产生着直接的影响，而采集资料的________直接取决于信息采集的________。

4. ________强调企业要灵活地采取各种方法改进其卖场陈列信息的质量和增加数量。

5. 成交率是______________________。

6. 市场调研报告的结构体系应包括________、________、________以及________在内的一系列内容。

二、选择题

1. 陈列市场调研原则是（　　）

A 客观原则

B 系统原则

C 科学原则

D 实用原则

2. 卖场的环境分析包括（　　）

A 卖场所处城市

B 卖场所处商圈

C 周边客户及购买力分析

D 地区功能性分析

3.（　　）是调查报告正文包含不了或没有提及的，是对正文报告的补充或更详尽说明。

A 结论与建议

B 目录

C 概述

D 附件

4.（　　）的深入调研可以反映终端卖场的陈列相关人员的陈列执行情况。

A 陈列维护

B 卖场客流

C 卖场陈列

D 卖场空间规划

5.（　　）为卖场陈列调研反馈的风格主题是否正确提供依据。

A 卖场的环境分析

B 品牌风格及理念的调研和界定

C 卖场色彩手法的运用分析

D 店堂音乐和气味分析

《服装市场调研》

刘国联主编的《服装市场调研》，2018 年 1 月由东华大学出版社出版。该书讲解了服装市场调查的基础原理与操作实务，分为基础篇与实务篇。基础篇讲解了市场调查的基本原理与方法，主要包括市场调查基本原理、服装市场调查方案策划、市场调查方法、调查资料的整理与分析和调查报告的撰写等。实务篇以案例分析和实践指导为主，包括服装消费市场调查、竞争市场调查、营销组合调查、流行趋势调查、卖场调查和品牌调查等专题内容。该书既具有基础理论内容，又具有较好的操作指导性，可以让学生掌握服装市场不同类别调研的流程和方法，提高调研技能。

《纺织品服装市场调研与预测》

胡源主编的《纺织品服装市场调研与预测》，2019 年 2 月由中国纺织出版社出版。该教材主要包括纺织品服装市场调研和预测两部分内容。市场调研部分主要包括调研方案的设计、调研方法、问卷设计、抽样、数据分析等，预测部分主要包括定性调研和定量调研。该教材重点对时间序列预测法、马尔可夫预测法、季节预测法以及回归预测法进行了解读。通过该教材的学习，可以系统、完整而深入地掌握调研和预测知识，能够熟练地、高效地在纺织品服装市场展开与之相关的工作。

项目 7 卖场专题陈列

项目引言

卖场专题陈列是前期学习成果的综合运用，包括女装、男装、童装和休闲运动装陈列，优秀的专题陈列能够展现品牌服装的风格、理念，传达品牌所要传达给消费者的信息，并能提升服装品牌文化。

本项目的知识目标为掌握女装陈列、男装陈列、童装陈列、休闲运动装陈列的特点及陈列方法；能力目标是根据所学的知识，熟悉专题陈列整个流程，能够对不同风格的服装品牌做具体的卖场陈列设计并实施陈列设计方案。

本项目任务如下。

任务九：

一定规格的品牌女装卖场陈列设计和陈列手册制作。

任务十：

一定规格的品牌男装卖场陈列设计和陈列手册制作。

任务十一：

一定规格的品牌童装卖场陈列设计和陈列手册制作。

任务十二：

一定规格的品牌休闲运动装卖场陈列设计和陈列手册制作。

项目实施

任务九：

一定规格的品牌女装卖场陈列设计和陈列手册制作。

任务十：

一定规格的品牌男装卖场陈列设计和陈列手册制作。

任务十一：

一定规格的品牌童装卖场陈列设计和陈列手册制作。

任务十二：

一定规格的品牌休闲运动装卖场陈列设计和陈列手册制作。

1. 任务目标

通过实际训练，学生掌握不同服装卖场陈列特点和陈列方法，并能够独立完成服装卖场陈列方案设计、实施以及陈列手册的制作。

2. 任务学时

因上述任务陈列流程基本一致，因此，任务学时用一个表格来体现（表 7–1）。

表 7–1　任务学时安排

	技能内容与要求	参考学时	
		理论	实践
1	任务导入分析	2	
2	必备的知识学习	8	
3	卖场陈列相关信息收集与整合		12
4	卖场陈列方案设计		22
5	卖场陈列实施		8
6	卖场陈列效果分析		16
7	陈列手册制作		4
8	项目总结		8
合计		10	70

3. 任务基本程序及考核要求

（1）分组：每组 3 ～ 4 人。

（2）任务分析：对已获得的校企合作项目或教师自拟任务进行分解，通过调研和资料信息搜集，充分了解其品牌历史、理念、风格、陈列等的相关信息以及合作品牌历次陈列方案，掌握任务要求。

（3）卖场陈列相关信息收集与整合：服装品牌卖场陈列及陈列流行趋势调研。要求：调研内容详实，搜集的资料和信息真实有效，对服装品牌陈列方案的设计开发有一定的参考价值。

（4）卖场陈列方案设计：通过对任务分析及陈列调研，为服装品牌卖场开发设计方案。要求：充分组合陈列服装卖场现有货品和道具等，卖场陈列设计主题明确，分区合理、色彩协调，整体感强，有创意。

（5）卖场陈列实施：产品、道具、灯光、海报等的组合搭配陈列。

（6）卖场陈列效果分析：跟踪卖场陈列后销售情况，分析陈列效果。

（7）汇编陈列手册：根据卖场陈列实施情况，汇编服装卖场陈列手册。要求：利用电脑辅助设计软件制作，画面绘制精致、表达清晰、内容完整。

（8）手册内容：服装品牌定位、陈列基础手册、产品陈列指引、产品搭配方案、陈列维护说明。

项目达标记录

项目总结

学习资料索引

知识点一：女装陈列

一、女装分类

陈列师作为设计师终端梦想传递者，在陈列设计时，必须慎重考虑服装的风格，使陈列和服装风格相辅相成，相得益彰。从陈列角度讲，女装在经营上以设计师品牌为主强调设计创意，在造型、选材和制作上均融入了相当可观的创新意识和审美成分，注重文化品味和内涵（图 7–1）。

如今，女装款式千变万化，形成了以经典风格为主线的不同的风格，经典风格的外观是一种相对比较成熟的，能够被大多数女性接受的，讲究穿着品质的服装风格，可分为知性和优雅两种类型。

知性化风格追求严谨、高雅、文静而含蓄，体现为高度的和谐风格特征，用料高档，个性优雅、精致成熟。强调整体着装的统一性，夸张、烦琐的装饰几乎不用。正统的西式套装是知性化风格的典型代表。目前市场上面的通勤风格、OL 风格、学院风格都属于经典风格的演化。

优雅风格则表现成熟女性的脱俗考究、优雅稳重的气质风范，具有较强的女性特征，时尚感较强，外观与品质较华丽，讲究细部设计，强调精致感觉，外形较多顺应女性身体的自然曲线，流行形象也是选择高尚、保守、穿着得体的形象（图 7–2）。其中甜美优雅的瑞丽风格、淑女风格、韩版风格、洛丽塔风格也归属于优雅风格。

图 7–1　用片片丝绸吊成云朵，小方块搭成连绵小山，突出品牌坚持重品质而非物质的价值观，回归质朴奢华的品牌理念

图 7–2　夏奈儿品牌橱窗陈列体现出自然清新、优雅宜人的淑女的风范，其陈列运用放大的蕾丝表达了柔美新淑女陈列风格

二、女装陈列的特点

女装往往被设计师赋予不同的文化内涵。不同风格的女装有不同的品牌文化理念、生活理念，有不同的服饰款式。在做具体的卖场陈列时，陈列师可以通过主题陈列、个性化陈列、动态生活陈列等方法体现不同服装品牌风格，以便更好地把品牌特有的信息传达给消费者，从而提升品牌魅力。

女装陈列主要以反映流行性和时尚性为主，尤其在色彩上，女性对其有着敏感的反应，喜欢颜色的热情比男性强。以粉色为代表，看到这种颜色，就能使女性激素分泌活跃，还可以分泌幸福感，使女性更加女性化，还有红色让女性感到强势的魅力、蓝色使女性心情平稳，也有一种被安慰的感觉 …… 这些都是女性喜爱的颜色，因此陈列师做女装陈列设计时就要注意营造女性顾客梦幻似的情调，着重考虑色彩的分区（图 7–3）。如果想营造整体的既轻松又柔和的氛围，可以尝试使用白色。灰白色和米白色有优雅沉静的感觉，这也是女性的特征之一（图 7–4）。红色与白色搭配比完全用红色效果更好；绿色与米白色搭配比全部用绿色时更加具有稳定感。

三、品牌女装的陈列要点

（一）卖场陈列要点

卖场陈列是女装陈列的核心，消费者通过卖场从整体上对品牌产生直接印象。陈列师要在全面了解当季服饰的前提下，对卖场进行整体规划、分区，然后将模特与灯光、色彩、道具调整到最佳程度。

1. 整体布局规划陈列

对卖场整体陈列区域进行规划，并拟订全面的陈列方案，在整体布局初步完成后要对细节进行检查，以保证卖场陈列区域符合品牌服饰文化主题。

2. 内部细节陈列

内部细节陈列就是服饰与道具的合理组合。主要是让服饰、色彩、道具通过巧妙陈列，营造整体卖场气氛，以体现空间布局的协调性，这是卖场陈列及维护的重点。

3. 行为艺术陈列

行为艺术在陈列中的表现是多种多样的。在卖场陈列当中，它是陈列师最容易发挥个人创意的一种陈列方法。空间行为艺术的陈列，近似于写实，能够引起消费者共鸣（图 7–5）。

图 7–3　优衣库女装不同色系搭配方案

图 7–4　柔和的、优雅的无彩色系陈列

图 7-5　强调空间行为艺术的卖场内部陈列

图 7-6　单款陈列

4. 重点陈列

流行款式永远是品牌推广的重点，能充分体现品牌风格和当季产品主题。陈列师在陈列卖场时，要充分考虑对当季流行主题款进行重点陈列，从而促进当季流行服饰的销售与服饰品牌文化宣扬。

5. 休闲陈列

即使讲究的是高档的形象或正统的款式，休闲的道具布局能够在原有服饰设计上加入一份可爱、俏皮，产生一份轻松、活泼，提升品牌的风格与设计文化。因此，陈列师在卖场陈列时，可以配合相应的道具合理布局，营造休闲的空间氛围。

6. 单款陈列

单款是对盲区进行的补充陈列。单款服饰一般都是店内次重点推广的款式，要保证单款色调与卖场的整体色彩相匹配，陈列师要根据具体的空间进行合理布局，切忌片面追求丰富服饰的款式以至于杂乱无章，造成品牌形象的损失（图 7–6）。

7. 双款组合陈列

同时使用两个不同着装的模特，这种陈列用于重点服饰的对比陈列，它可以弥补单款陈列与重点陈列的不足。要充分展示双款组合陈列的效果，卖场的使用面积一般不能少于 $50m^2$。

总之，上述卖场陈列技巧都是用局部细节来体现整体。当然，陈列人员在熟练运用陈列技巧的基础上要保证服饰的整洁性和可观性，这样才能够体现出卖场的整体效果。

（二）道具陈列要点

道具在女装陈列所占的位置不亚于主体服饰，在陈列师的精心构思和策划下，有时仅仅用道具也能展示出品牌的文化与设计理念，这是道具在陈列中的魔力。

服装卖场的道具相当广泛，比如生活类、工具类、器械类以及其他适合卖场陈列的一切物品与艺术品都可以成为陈列道具。一般来说，女装的卖场道具陈列方法有三种 。

图 7-7、图 7-8 老式的电视机、老式的收音机构成的一组道具

1. 系列道具组合陈列

也就是利用一系列道具进行陈列，道具的陈列要体现出卖场的整体风格与服装的品牌风格，相互巧妙地融合，可以增添陈列效果（图 7–7、图 7–8）。

2. 饰品陈列

饰物本身就具有非常强大的道具展示功能，饰品在陈列时，有组合搭配与陈列陪衬的双重效果，可以提升陈列的效果。

3. 包与鞋的混合陈列

在女装卖场的陈列当中，包与鞋是最常见的陈列组合。它们既是商品，又是陈列的道具，与相关的服装合理搭配，不但可以补充陈列细节，还能提高服装品牌的档次，使卖场陈列更加饱满和有层次（图 7–9）。

（三）节日的陈列要点

女装的节日陈列，与日常陈列没有明显的区别，大多数品牌也不会专门开发节日的服装，所以要想烘托节日气氛，陈列师就必须以日常陈列为基础，再加入精彩的灯光、节日的道具以及时尚的海报等。在具体操作时，通常有以下三个要点。

1. POP 广告画与大型宣传海报

在卖场内外摆放、张贴或悬挂大小不一的 POP 广告画与宣传性的标语、海报，按照店内的空间与陈列的区域进行合理的安排。

卖场的橱窗是节日女装陈列的重点，陈列师对节日橱窗应当进行节日方案的专题制作，节日橱窗展示也同样可以结合 POP 广告画与宣传海报来体现节日气氛（图 7–10、图 7–11）。

2. 灯光

在节日来临之时，一定要调整卖场灯光的位置、改变灯光的色彩。在安装灯光时应采用移动或方便更换的灯具装置，这样不但可以节约卖场灯光的安装费用，也方便陈列师在工作时任意变换不同的灯光效果。节日灯光的氛围也是在品牌日常风格的基础上，依据卖场整体的节日陈列方案进行的，陈列师的节日陈列方案中应当合理规划出详细的灯光陈列标准（图 7–12、图 7–13）。

图 7-9　鞋子放在餐车托盘里，包放在旁边。女主人完成了时尚大餐，带着爱犬正要出门

图 7-11　大面积的蓝色海报传达了 10 周年品牌历史及促销活动

图 7-10　红唇、节日标语、灯光能产生抢眼的节日氛围

图 7-12、图 7-13　同一个节日，不同的品牌，不同的服装，不同的风格，不同的灯光

图 7-14、图 7-15　不同的节日，不同的道具使用

3. 道具

由于没有单独的节日服装款式设计，陈列师在陈列时使用与节日相关的道具与饰物就可以弥补这些不足，充分发挥道具饰物在服装卖场陈列中“第二服装”的作用（图 7–14、图 7–15）。

知识点二：男装陈列

一、男装分类

男装的分类方法，历来有不同的视角，本知识点主要从陈列的角度阐述男装的几个分类方法。

（一）按照品类分类

从严格意义上来讲，男式服装并不泛指男用服饰品，而是特指西服正装、礼服等正规服饰。随着服饰观念的变化，其涉及的品类有所扩大，但仍然限于社交、商务用服饰。用于社交的男式服饰，款式经典，讲究穿着品质，款式造型较为成熟、传统。商务风格的男装以商务性工作场合为穿着环境，款式造型和搭配介于正装与休闲之间，张弛有度。

（二）按产品档次分类

1. 高档男装

高档男装指的是设计、材料和制作等基本构成要素呈现高标准组合的男装。

2. 中档男装

中档男装指的是设计、材料和制作等基本构成要素呈现一般标准组合的服装。

3. 低档男装

低档男装指的是设计、材料和制作等基本构成要素呈现低标准组合的服装。

不同定位的男装产品，其陈列的方式也各不相同。比如来自法国的都彭品牌以高级皮件及贵金属、精致珠宝等制造旅行用具起家。在打火机精品中，都彭品牌也堪称极致经典。因此都彭男装在陈列上以配件衬托品牌低调精致、品位至上，不失为男装陈列的良策；而男装品牌雅戈尔糅合了时尚与经典的设计风格，它没有华丽的外表，又不失时代气息，因此在陈列中表达成熟稳重、简洁中显露高雅的方式。

二、男装陈列的特点

由于男性性格关系，男装陈列一般不需要很多陈列花样，只要体现产品或大气磅礴、高雅尊贵或简约休闲、沉着稳重的风格特点。陈列师在男装卖场陈列当中，不但要注意遵循服装风格和品牌文化诉求，还要把握住男性色彩中明暗的颜色差异，厚重的陈列形象比轻薄的形象更受普遍欢迎，但是因为购买男装的顾客往往会有女伴陪同，所以陈列师在陈列中要展示得既视觉化又感性化，要善于运用领带、衬衫等有色彩的商品进行形象展示，吸引女性视线。在男装陈列中，陈列师也可以根据商品时令主题和计划所选定的主力商品，在人模上将男性服装与相应的饰品（领带、包、领带夹、袖扣等）一起整体调和地演示，向顾客表现品牌的形象。

在陈列手法上、陈列师要善于利用正挂和侧挂的适当配置，避免卖场的单调，使卖场具有生动感，陈列桌或货架上的衬衫可与领带一起做调和展示，诱导性地连带销售。在明确品牌定位及产品风格的前提下，男装陈列还应体现陈列手法来表现产品的价值感。要表现产品的价值感，陈列师可以从以下几个方面来努力。即卖场灯光、产品的货组陈列合理规划、色彩协调安置，以及产品、货品陈列的整齐度、平衡感和产品良好的熨烫把握等。

1. 休闲装和正装分区

一般对于男装陈列来说，大的风格的划分主要是休闲风格和正统风格。合理的男装卖场分区，体现的是整齐大气的感觉。而若衣服混杂地放置和陈设，将会给消费者带来低档的感觉，损害品牌的形象。对于不同的季节，休闲服装和正统服装的区位也有所不同，要根据季节和货柜的位置适当陈放。

2. 男装陈列店面要宽敞干净

宽敞干净的店面给消费者带来整洁、舒适、高档的感觉。拥挤的环境给顾客带来压抑的购物体验。在宽敞的环境里，顾客会感觉自由、轻松，挑选和观看衣服也会比较方便。在卖场里面可以适当开辟休息区，放置沙发、茶几等家具，给顾客以温馨的感觉（图 7–16）。

3. 色彩、款式搭配要和谐

这是男装卖场要做的陈列重点，但是很多卖场会忽略这个细节，比如有些卖场在陈列西服的时候，会忘记搭配衬衫和领带，这就使整个货柜的陈列色彩偏暗，如果在西服里面陈列衬衫和领带，不仅有明暗对比，使色彩明朗，也能促进领带和衬衫的附加销售；还有的卖场，休闲裤下面放置一双正统鞋，这对有些顾客来说，会感觉品牌的品味有问题（图 7–17）。

4. 橱窗展示要醒目

橱窗是卖场的眼睛，更是卖场的形象代言，橱窗陈设精致，模特穿衣完美，会给顾客留下美好的印象，进而记住品牌，成为潜在消费者。一些世界顶级的男装品牌就是利用橱窗做品牌广告，传达品牌文化和理念，并有效带动了卖场里产品的销售（图 7–18）。

图 7-16　舒适宽敞的男装陈列

图 7-17　当男装卖场服装商品的色彩较单一时，也可以利用道具、货柜等颜色进行搭配，达到男装卖场陈列色彩和谐效果

图 7-18　醒目橱窗展示

图 7-19　焦点区位陈列

5. 焦点区位的合理应用

在顾客进入卖场时，顾客的正对面和进店右手边的展示墙，是顾客最容易看到的区域，也是卖场销售黄金区域。在这样的区域，要陈列应季的新品特色的货品、主推的货品或促销的货品，可以全面的提升销售力（图 7-19）。

三、品牌男装的陈列要点

（一）男装卖场陈列要点

男装所遵循的陈列技巧与女装陈列不同就在于性别定位不同，在男装陈列中，设计风格一定要简洁、干练。男装品牌主要体现男士稳健的个性、豪迈的气度、深沉的气质，同时要着重强调品牌文化与营销理念传达。对于男装陈列师来说，应该分析男性的心理，了解男装所要表达与反映的理念，向消费者直观表达品牌的内涵，从而真正做到完美陈列（图 7–20）。

图 7–20　此橱窗陈列不同于传统“欧洲绅士”保守、正统、含蓄的形象，折射出美式热情、奔放、浪漫、雄心勃勃，注重对品质生活的追求，同时富有爱国精神、家庭观念和独特精神的男士形象

1. 稳健陈列

在橱窗的陈列中，陈列师应当利用各种方法体现男装服饰的稳健主题。稳健陈列法主要是针对男性在一些特殊环境中，如商务或正规场合的情景模拟。这些场合的陈列模拟，能体现高品位和稳重的男性性别特点，这也符合大多数人对有绅士风度的男性的消费标准（图 7–21）。

图 7–21　具有高品位和绅士风度感的陈列

2. 饰品陈列

用于男装陈列的道具与饰物都是男性用品或标志性商品，这些道具与服饰结合的方法与女装橱窗的陈列一样，都兼具商品性与展示性，陈列师应当充分利用这一点（图 7–22）。

图 7–22　服饰饰品与服装搭配陈列

3. 正装与道具结合陈列

正装与道具的结合在男装的橱窗陈列当中经常可以看到，这是一种用喻义的方式来表达特殊的陈列语言，成为目前有实力的陈列师常用的方法，它可以全面并且直观地表达服饰理念（图 7–23）。

4. 简约风格陈列

简约风格是男性追求的一种生活态度，在简约当中体现男性的大度与阳刚之气，而不需要太复杂的道具。简约风格陈列法对色彩与灯光的要求都比较高，如果达不到这两个要求，陈列的效果就会逊色许多（图 7–24）。

5. 生活行为陈列

以男性的生活行为作陈列，不但能够充分体现男装的特点，而且也是品牌表达自己设计风格的重要方法。生活行为陈列需要将橱窗的空间进行生活化的装饰，对灯光与道具的应用会比较多，目的是形象、逼真地体现出男性的生活特性（图 7–25）。

6. 重点陈列

按照服饰的档次与设计理念，将体现当季特点的代表性款式进行

图 7-23　正装与道具结合的陈列法

图 7-24　简约风格陈列

图 7-25　生活行为陈列

图 7-26　重点陈列

图 7-27　道具组合陈列人形半模和男性饰品包、鞋等一起从整体调和地演示，向顾客表现品牌形象

陈列，同时进行销售卖点的推广。重点陈列可以结合主题陈列法，使卖场里的陈列内容丰富起来。这种方法同样适用于女装与休闲运动装（图 7–26）。

7. 组合陈列

男装的组合陈列有两种：一种是道具组合陈列法，一种是各种陈列手法任意组合的陈列法。一般卖场运用的都是道具的组合陈列法，它针对的是男装的局部陈列，任意组合陈列则是对卖场整体而言的。在局部空间足够大的情况下，也可以采取任意组合陈列法以提升陈列效果，这种方法适用于整体陈列方案中某一区域的主题陈列，一般都会配合卖场举办的各种活动来进行（图 7–27、图 7–28）。

8. 比例陈列

在男装卖场要适当控制道具与服饰的比例。陈列道具在卖场中所占的比例与空间，应当视陈列的季节与主题的变化进行调整，道具与服饰的比例应当控制在 50% 以内，这样会使整个卖场显得简洁清爽（图 7–29）。

陈列区域间的服饰应当比例均衡，男装服饰的特点是款式多而数量少。不顾款式与色彩的陈列标准，将服饰全部都挂在卖场，这样会产生拥挤、烦琐的感觉，直接影响陈列效果与服饰的档次。

图 7-28　挂、叠陈列手法组合陈列

图 7-29　宽敞大气的男装陈列

图 7-30　生活空间陈列

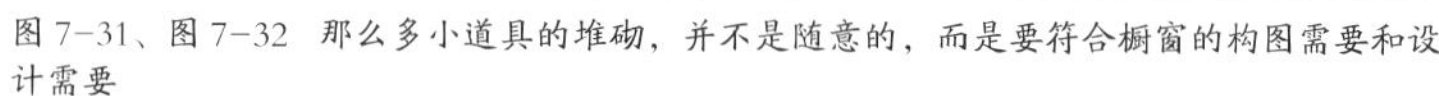

图 7-31、图 7-32　那么多小道具的堆砌，并不是随意的，而是要符合橱窗的构图需要和设计需要

男装卖场的陈列基本上都采取上述几种方法进行，陈列师在策划陈列方案时就可以依据品牌的风格设计自由地组合，陈列方案应建立在全面了解与熟练掌握上述方法的基础上，这样在操作的时候才会厚积薄发。

（二）道具的陈列要点

女装陈列道具大都富于浓重的生活气息，而男装卖场的陈列道具则更多地以体现男性的刚毅感与理性感为主。男装陈列道具的表现可以生活化，也可以商务化，系列化的男装道具在设计风格上要具有一定传承性，使之保持与发扬品牌的文化。如果经常大换道具，会增加卖场陈列道具成本，还会混淆自己的道具风格，起到事倍功半效果。

男装道具陈列在卖场当中有四种基本方法，陈列师在进行主题设计时可以参考，也可以组合使用以达到道具陈列对服饰品牌风格与卖场文化的诠释作用。

1. 生活空间陈列

使用仿真植物、生活用品、商务品与机械器具等，体现消费者理想的生活空间状态，让消费者与品牌忠实的追随者引起共鸣，使品牌风格在陈列当中淋漓尽致地体现出来（图 7-30）。

图 7-33　服饰品道具陈列

图 7-34　家庭化道具陈列法

2. 制作道具陈列

用制作的道具进行陈列更能体现服饰的品位与档次，让消费者展开丰富的联想，增加对品牌的印象，同时，这也是品牌陈列的一种最好的表现方法。

制作的道具一般用在橱窗、卖场的正面陈列区域，在其他区域一般用小的道具进行补充，比如在模特的身上放上尺子、小的剪刀、线圈等实物点缀，会在卖场的整体上营造生动活泼的生活氛围（图 7-31、图 7-32）。

3. 服饰品道具陈列

男装与女装的饰物道具一样具有双重功能：商品性与道具陈列功能。在男装卖场陈列中，包、鞋、表、打火机和领带等都可以是体现服饰风格的道具（图 7-33）。

4. 家庭化道具陈列

这是男装陈列的一种创新方式，是指陈列师在设计方案时可以从家庭生活的氛围中去寻找灵感，利用家庭道具进行陈列（图 7-34）。

男装陈列道具的使用技巧还有很多，陈列师必须具备深厚的生活经验和艺术的想象，以此来满足使用道具方面的陈列要求，改善陈列效果。

（三）节日的陈列要点

卖场的外景布局与卖场内部气氛的烘托是两种节日陈列的主要方法。男装的节日陈列与女装的方法大同小异，在此不再赘述。

图 7-35 ZARA 童装卖场婴儿装与其他童装分区陈列

图 7-36 休闲风貌童装

知识点三：童装陈列

一、童装分类

童装是以儿童时期各年龄阶段的孩子为对象制成的服装的总称，包括从婴儿、幼儿、学龄儿童至少年等各年龄段儿童的着装。童装与成年人“服装”意义相同的是，在广义上，童装也是人与衣服的总和，它是未成年人着装后形成的一种状态。在这种状态中，穿衣不仅包括衣服，也包括与衣服相搭配的服饰品，以及儿童着装后形成的一种气质。

童装的分类形式较多，通常而言，基于陈列的童装分类，按以下形式分类较为广泛、合理。

（一）按年龄分类

按年龄分类即根据儿童年龄阶段对服装进行划分。以年龄为阶段将儿童成长期大致归纳为四个阶段：0 ～ 2 岁为婴儿阶段，3 ～ 6 岁为幼儿阶段，7 ～ 10 岁为学龄童年阶段，11 ～ 15 岁为大童年龄阶段（图 7–35）。

（二）按着装风貌分类

1. 休闲风貌

休闲风貌是指舒适、实用、轻便型的着装。具有代表性的配套童装是多种印花 T 恤衫和功能休闲裤。运动服功能性的设计理念大量运用到这类服装之中，牢固的针脚、细节的变化是这类服装的特点（图 7–36）。

2. 运动风貌

运动风貌是指活泼、健康、机能性很强的着装，把运动和游玩的感觉引人童装的设计理念，使运动风貌的童装既具有运动服的功能性，又穿用方便，再加上极富活动性的特点和对比配色，是儿童十分喜爱的着装方式（图 7–37）。

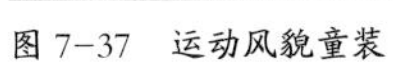
图 7-37 运动风貌童装

图 7-38 学府风貌童装

图 7-39 成人风貌童装

图 7-40 PAUL& SHARK 品牌童装的运动休闲服装风格

图 7-41 贺曼婴童装结合深海漫游这一主题设计的橱窗

3. 学府风貌

学府风貌是指富有知识、教养和城市感的着装，有着简洁干练、干净利落的直线条和斯文的着装印象。一般以中性、低饱和度、深度的颜色配色，重视饰物的品质、技术等方面的因素，典型样式是中学生正规的套装式样。目前，在韩剧、日剧的影响下，大童中这种风格日趋受青睐。随着国家对中小学生礼仪教育的展开，校服的设计备受重视，已成为童装中的重要服饰品种（图 7-38）。

4. 成人风貌

成人风貌是指具有成人着装特点的成熟着装风貌。在女童服中，使用高支纱的细棉布、雪纺绸或像丝绸一样柔软的面料，具有淡雅色调的图案，采用垂裙、蕾丝、缎带、饰边等工艺方法，达到一种成人式的浪漫、富有女人味的印象；在男童服中，多采用男士衬衫、西装和西裤，服装常饰有口袋、粗针脚等，选用暗、灰色调等样式（图 7-39）。

从整体品牌童装市场来看，休闲风貌是现在童装的整体趋势（图 7-40）。在款式设计上，童装风格趋向成人化、时装化。很多品牌，看上去就是成人装的缩小版，风格和路线与成人装很相似。尤其是在那些由成人装品牌延伸至童装品牌的企业，比如依恋、欧时力、耐克等成人装品牌的产品，在其童装的专柜中，这点比较突出。而部分品牌的婴童装和小童装还是以可爱和童趣为主，卡通图案是这些品牌常用的设计元素（图 7-41）。

二、童装陈列的特点

童装的设计理念最容易让人懂，在表现上简单、直观，并没有成人服饰的生活内涵或者意境，因此，童装陈列主要考虑儿童的心理特点，采用充满童趣的表现方式，以此来吸引儿童，并达到从情感上俘获儿童父母的心，从而达到视觉营销的最终目的。

图 7-42　色彩淡雅、模特造型富有童趣的橱窗陈列

童装陈列要以适合儿童不同年龄阶段的表现为基础，应达到强调色彩、面料材质、设计的协调性的组合效果。童装在陈列设计中的主要体现形式为色彩语言运用。另外，其模特的肢体语言在造型上、表情上要丰富，这样能够让陈列方案在实施过程中表现得更好（图 7-42）。

对于童装品牌来说，陈列方案在选择运用陈列的技术属性上，还是要看其陈列的主题与品牌的定位。在有主题商品时采用重点陈列的方法，打造主题商品的形象。如果能够保持主题商品均衡、调和、有趣味、有形象，那么，店面空间就会显得生动活泼，还具有强烈的感染力。

图 7-43　模特空间的层次感陈列（一）

三、品牌童装的陈列要点

（一）卖场陈列要点

目前，童装卖场陈列已经步入正规化的层面，也需要依据陈列的主题与品牌的定位来进行。目前主要有以下几种比较流行的陈列方法。

1. 层次陈列

童装的层次陈列主要是针对儿童的生理特点进行的，采取琴键的节奏感方式，橱窗当中服饰款式可以更好地传递出年龄消费层次（图 7-43、图 7-44）。

对设计的装置结构和道具应在实际操作中充分体现展示的辅助作用，从而营造出合理、顺畅、有很强的引导性的展示空间。增强引导性因素，促使消费者参与店内销售行为，符合现代消费者购物心理，从而隐性地加强销售力度。

图 7-44　模特空间的层次感陈列（二）

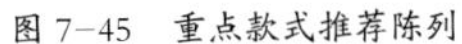
图 7-45　重点款式推荐陈列

图 7-46　机车主题陈列

2. 重点陈列

重点陈列的目的是说明所推出的服饰款式是最流行、最受人欢迎的，它也是进行童装产品推广的主要陈列方法，在陈列中可以全面地体现出品牌所要传达的理念，所使用的道具在造型上要能够表现儿童活泼、可爱的特点（图 7–45）。

3. 主题陈列

主题陈列的目的是宣扬品牌独特的设计理念与对儿童心理的表现，在童装的橱窗陈列中，体现的形式有多种。这种陈列在运用时，陈列师可以采取与重点陈列方法相结合的方式，根据不同的季节、不同的陈列主题做调整，从而在视觉上对消费者与观赏者产生震动，激发其购买的欲望。主题陈列要让消费者从不同角度所观看到的画面都能够对其产生强烈的视觉冲击作用，这是主题陈列达到的最佳效果（图 7–46）。主题陈列要注意以下几点：

（1）主题诠释最好的道具就是利用灯光进行气氛的烘托，从而明确气氛主题，使陈列的效果达到事半功倍。

（2）童装主题陈列的装饰道具的选用要与主题吻合。

（3）童装主题陈列设计要求对色彩的表现符合主题文化思想 。

4. 童趣生活模拟

童趣生活陈列是一个非常具有代表性的童装陈列方法。童装的生活化陈列，主要是模仿儿童在生活当中各种可爱的造型与动作。这种陈列方式，能够体现出陈列师不同的创意，增加儿童的认同感和归属感，引起儿童对该品牌的喜爱。生活化橱窗陈列对于道具的选用与场景的设计要求较高，陈列师在进行陈列方案设计前，要观察儿童现实生活，发现细节处理上的独特之处，使橱窗陈列更加具有活力和生命力（图 7–47、图 7–48）。

5. 场景陈列

场景陈列就是在一个陈列主题下，依靠灯光和道具组合设计和实施，把卖场整体或局部改变成一个有

图 7-47 童趣生活模拟

图 7-48 童趣生活模拟

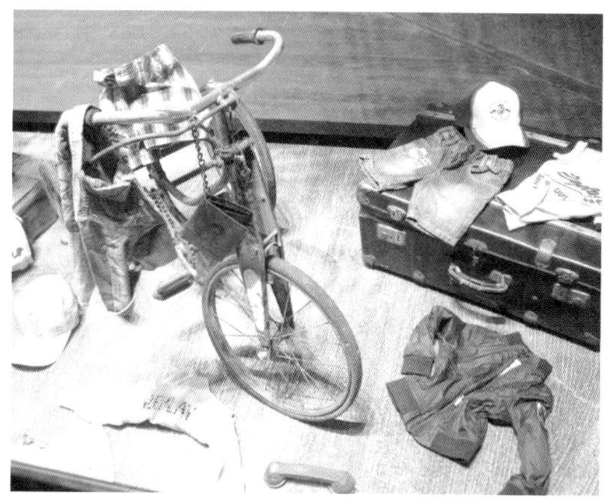

图 7-49 小场景陈列

图 7-50 迪斯尼童装和学习用品以及玩具的组合陈列

故事的场景。其中，大场景可以产生很大的震撼力，在观赏的过程中增加对品牌的了解与喜爱，提升品牌的影响力。同时，大场景陈列，不仅有利于提高品牌的市场认知度，也会在消费者与观赏者的心目中留下很强的印象（图 7-49）。

（二）道具的陈列要点

童装卖场道具大多是儿童日常生活中的用具。

1. 生活类玩具陈列

主要使用儿童玩具进行陈列。陈列师进行创作的体裁很多，只要是儿童生活中的玩具都可以运用到陈列方案的设计中去，栩栩如生的展示效果会衬托出童装的可爱与天真（图 7- 50）。

2. 童装饰物陈列

童装的饰物也具有双重性的功能，一是可以有效地表现其商品的销售功能；二是可以作为道具进行陈列。

3. 抽象道具陈列

模拟儿童玩具的造型或色彩，用非人格化、非戏剧性的场面，运用艺术的形式法则与规则将其用用于

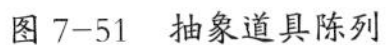
图 7-51　抽象道具陈列

图 7-52　迪奥童装的节日场景陈列

陈列。儿童对事物往往是无理由的喜爱或是有一种童稚的审美标准，伴随着儿童教育的早期化与信息传播低龄化的特点，儿童对抽象艺术的欣赏力也在慢慢提高（图 7-51）。

（三）节日的陈列要点

节日对儿童有很强大的吸引力，每一个孩子对节日都会有一种无限的期待和丰富的幻想。基于对儿童心理的研究，童装品牌会在节日服饰的研发与生产上下功夫，在陈列的表现方法上，童装陈列比成人服饰陈列丰富得多，没有一个品牌甘愿放弃这个商机。

1. 节日主题陈列

圣诞节是欧美国家各服饰品牌陈列工作重点，春节则是中国服饰品牌陈列的工作重点。针对不同节日，陈列方案设计要体现节日文化特点，并且根据节日色彩改变卖场的环境。

2. 节日场景陈列

在欧美国家，童装品牌十分重视节日陈列，也会进行大额的投资，用场景陈列法体现节日欢快的氛围。对于品牌重点开发的节日服饰，主要会陈列在卖场和橱窗里，体现节日特有的着装文化（图 7-52）。

知识点四：休闲运动装陈列

一、休闲运动装分类

由于现代人生活节奏的加快和工作压力的增大，人们在业余时间更愿意追求一种放松、悠闲的心境，反映在服饰观念上，便是越来越漠视习俗，不愿受潮流的约束，而寻求一种舒适、健康、自然的新型外包装。因此，休闲运动服装便以不可阻挡之势侵入了正规服装的世袭领地。消费者选择休闲运动服装的目的有三：一是为运动而穿；二是为提高运动成绩而选用；三是穿着运动装可以体现身体和精神上的健康、勇敢和一往无前的气魄，尤其是那些由国际知名运动健将代言的休闲运动品牌更是受到了消费者的青睐。休闲运动并非另一种生活方式，而是人们对久违了的纯朴自然之风和健康身心的向往 。

从目前的市场状况看，休闲运动品牌大致可以分为休闲装品牌、时尚运动品牌和专业运动品牌三种。休闲装品牌是人们在无拘无束、自由自在的休闲生活中穿着的服装。它将简洁自然的风貌展示在人前，着重于对产品品质的表达。时尚运动品牌着重于对时尚元素和功能性综合表达，而专业运动品牌是专业体育运动竞赛时所穿的服装，属于功能性服装，一般按照运动项目的特定要求设计制作，它着重于对专业运动元素的表达。

二、休闲运动装陈列的特点

休闲运动装分类虽然不同，但其陈列总体上还是呈现一些共同的特点，这些特点与货架材质、灯光的选用、地板和天花板的空间，产品自身特点等要素都密切相关。

休闲运动装店面陈列包括男装、女装 、鞋、包、围巾 、帽子、太阳镜等多种产品。由于商品类别、数量、规格繁多，陈列工作稍微不慎，卖场就会显得凌乱不堪。所以，陈列师要根据陈列的原则，按照商品的品类、尺寸、系列等规范陈列，构成舒适、快乐的购物环境。休闲运动装的色彩大体上为原色或者鲜明的色彩，这样的商品带给人个性的自然感和充满活力的生动感，陈列时如果利用补色对比，就会更加有效果。休闲运动装店面在入口处有陈列桌，中部是货架，后面是墙面陈列，合理地利用陈列空间，构建有序的层次，是休闲运动装店面陈列设计时应该重点注意的问题。

运动装的宣传往往以体育精神和人类超越自我、追求更高为形象，以满足消费者的崇拜心理。运动装卖场陈列时，应将经营的产品类型与体育项目对应，塑造自己的特点，并合理分类，注重主题风格、色区划分等。

三、休闲运动装的陈列要点

（一）卖场陈列要点

运动休闲装的陈列比男装、女装与童装的设计空间大，可以自由发挥，这主要是因为休闲运动装的生活定位没有过多的束缚。在橱窗的设计上，应当全面地体现动感的陈列意境，更好地表现品牌张扬的生活理念。

1. 静态陈列

静态陈列主要用模特的动态肢体语言配上色彩与灯光来体现，模特虽然是静的，但却给人以动的感觉（图 7–53）。休闲运动中的动、静就是用模特的肢体语言表达出一种意境，不但宣扬了品牌的个性，也使陈列的形式与方法得到了更好地体现。

2. 抽象行为陈列

用抽象的道具与背景陈列，不用过多地突出款式，也不需要太多的道具，只要陈列师进行一些基本的、简单的陈列道具与背景的运用就可以（图 7–54）。

3. 直观表现陈列

这是最常用的一种运动装的橱窗陈列方法。在休闲运动装的陈列中，将重点款式与主题陈列结合运用，陈列师只需要使用灯光、模特与一般的饰物，其表现手法也是多种多样的（ 图 7–55）。

图 7-53　静态陈列

图 7-54　强调意境的陈列

图 7-55　直观表现陈列

图 7-56　行为主题陈列

4. 行为主题陈列

这种方法是陈列师模仿各种不同场景下人的生活状态进行的陈列，使用的道具主要是灯光、仿真模特等。其中模特的肢体语言可以更好地表现人们不同的着装姿态。这种陈列方法的重点在于选好仿真模特的造型（图 7-56）。

5. 运动感表达

在跳跃的状态下体现陈列标准，这是运动品牌的陈列区别于正装陈列的一个最大特点。陈列师可以通过空间色块变化、产品色彩变化，或者借助灯光来实现运动休闲品牌的动感。

6. 场景陈列

场景陈列分为大场景与小场景两种方法。大场景陈列就是把整个卖场全部布置成一个大的陈列场景，设计题材有生活、户外等方面的内容。陈列师要根据服饰品牌所宣扬的个性特点设计场景，根据各种不同场景设计不同的道具（图 7-57）。小场景就是在卖场内部一个区域或两个区域进行一种场景陈列，其区域场景的设计风格要与卖场整体风格相同或相衔接，这样才能够体现出小场景陈列的作用（图 7-58）。

图 7-57 大场景陈列

图 7-58 小场景（公路散步场景）

图 7-59 细节主题陈列

图 7-60 直式陈列的最小间距范围至少应有 90cm，若幅度太狭窄容易产生眼花缭乱的情形

7. 细节主题陈列

休闲运动装的细节主题陈列是陈列当中最为重要的一部分。细节体现主题，而主题的体现必须建立在细节基础上。这是休闲运动装陈列的一个主要原则（图 7-59）。

8. 搭配陈列

运动休闲品牌的陈列充分发挥了搭配的作用，它的搭配性非常强，比如，经常会把服装和鞋、帽子等配饰组合在一起进行陈列，而不再强调品类分区，这使这些产品形成一个新的组合情景或主题故事。

9. 线的一致

在运动休闲品牌的陈列中，用于区分展示、黄金、有效陈列这三个区的层板应该保持在同一水平线上，“线的一致”有助于在卖场形成区域与块，更能让消费者清楚产品讲述的故事或者主题。还可以利用虚拟的线维持在某个区域内创造一致性和聚焦效果。水平线用以连接不同的板墙，垂直线创造出列的效果，符合人们的习惯视线，使商品陈列更有层次、更有气势，从而建立了富有逻辑的框架，使顾客更加容易理解产品的分布（图 7-60）。

10. 多样化和重复陈列

每个区域或各组货架的产品陈列方式的多样化和货品组合搭配的多样化，可以形成不同区域或货架之间不同的产品风格与特征，而重复出样能使卖场形成色块，吸引消费者的眼球，使卖场具有视点，同时又丰富产品容量。

（二）道具的陈列要点

休闲运动服饰卖场里，道具陈列重点是休闲运动类的器具。这样可以更好地表达道具与服饰之间的关系，也可以让消费者展开丰富的想象。

1. 展示道具

运动休闲服货架的设计是很有讲究的，要具有相对开放性和自由度，这样的设计会留给产品陈列巨大的空间，留给陈列师相当大的发挥空间。比如国内很多货架是条框型的，每个系列的产品都被局限在一个框架内陈列着，一组产品的陈列在卖场里被分割成很多个单元，本意是想强调每一组产品，最后却使整体的表达力削弱。

而国外很多品牌都用直板型货架。直板型货架的好处是可以自由地展示产品，开放性很大，它可以把一组产品按某个主题进行综合展示，而不必受货架的限制。比如陈列师想突出表达户外运动的主题，若使用直板型货架，就可以把该主题下的上衣、短裤、鞋、手套、包，甚至自行车等道具搭配起来进行集中展示，而不必拘泥于上衣、鞋是否可以陈列在一起。

具体到鞋，在运动鞋的陈列中，鞋墙是一个非常重要的元素。以前鞋墙上的鞋托，很多都是正托。正托使鞋看上去很周正，但是，当所有的鞋托都是正托时，整面鞋墙就缺乏层次感，缺乏创意。现在，很多品牌都做了这样的尝试——在一面鞋墙中，大多数鞋托依然是正托，但在一排突出位置上，运用斜托。斜托的运用使鞋具备了运动感，这样，整面鞋墙就活起来了。需要说明的是，陈列在斜托上面的鞋应该是一组产品中想要表达的重点，是重点推介的产品。

运动休闲品牌的陈列道具还应和品牌自身的 LOGO 图密切相关。比如，一个品牌的 LOGO 图的弧度比较大，此时，货架要是呈锐角就不合适，它看上去会非常不协调。

总之，陈列展示道具的选择并不是随意的，道具也并不是孤立存在的，它需要和整个店面的空间感觉、品牌的形象等紧密联系在一起。

2. 装饰道具

装饰道具包括休闲运动装的一些配套饰物、相关运动器具及户外休闲用具上，这样可以使休闲运动品牌服用功能表达更加明确，对消费者有搭配指导意义。常用的陈列道具有登山包、登山鞋、帐篷、自行车、羽毛球拍、网球等（图 7-61）。运动品牌在卖场陈列中经常会运用一些具有“指导性”的标识。例如把慢跑系列产品的陈列背景设计成跑道，或者在鞋墙的最上面写上“Running”的字样。

在运动休闲装中还有一种道具陈列方法，即反主义陈列，反主义陈列利用各种各样的道具进行不同造型与场景的陈列，其道具的使用体现设计本身的理念，可以是无厘头的、随意的，没有任何的束缚与局限。这也是欧美文化与审美观念形成的一种新的陈列方法，目前还仅限使用于休闲运动类服饰（图 7-62、图 7-63）。

图 7-61　夸张的网球道具在橱窗陈列中的使用

图 7-62　反主义道具陈列

图 7-63　SISLEY 的橱窗。反主义陈列法表达的是服饰个性的独特张扬，在文化上没有什么派别的区分，比较注重个性的发挥，而不去在意他人的评价

图 7-64　表达服装生活方式的陈列

运动休闲品牌除了可以运用饰物、运动器械和反主义道具以外，还可以运用品牌自身相关产品进行道具陈列，并广泛地应用于卖场与橱窗中。这种陈列易于操作，表现简单但寓意深刻，是陈列师常用的道具陈列法（图 7-64）。

（三）节日的陈列要点

休闲运动装节日陈列的具体操作要点相对于其他服饰而言比较容易掌握，主要是因为休闲运动装的款式种类多，场景容易变换，爆发的最大活力可以表现在节日的气氛当中。休闲运动装节日橱窗的设计是卖场陈列的重点 。

一 . 填空题

1.__________ 强调整体着装的统一性，夸张、烦琐的装饰几乎不用。

2. 女装的卖场道具陈列方法有：____________________________、____________________________、____________________________、这三种。

3.__________ 是指舒适、实用、轻便型的着装。

4.__________ 就是把整个卖场全部布置成一个大的陈列场景，设计题材有生活、户外等方面的内容。

5. 在运动休闲品牌的陈列中，用于区分 __________、__________、__________ 这三个区的层板应该保持在同一水平线上，“__________”有助于在卖场形成区域与块，更能让消费者清楚产品讲述的故事或者主题。

二 . 选择题

1. (　　　) 的目的就是把卖场整体或局部改变成一个场景，依靠灯光和道具的设计、制作，首先确定好主题，然后进行卖场全面或局部的陈列展示。

A 场景陈列

B 童趣生活模拟

C 主题陈列

D 层次陈列

2. 运动休闲服的货架的设计是很有讲究的，要具有相对（　　）和（　　）。

A 封闭性

B 开放性

C 自由度

D 稳定性

3.(　　　)是指富有知识、教养和城市感的着装，有着简洁干练、干净利落的直线条和斯文的着装印象。

A 休闲风貌

B 运动风貌

C 成人风貌

D 学府风貌

4. (　　　) 能够体现出陈列师不同的创意，增加儿童的认同感和归属感，引起儿童对该品牌的喜爱。

A 场景陈列

B 童趣生活模拟

C 主题陈列

D 层次陈列

5. 男装陈列基本点有：（　　）

A 休闲装和正装分区

B 男装陈列店面要宽敞干净

C 色彩、款式搭配要和谐

D 焦点区位的合理应用

《全球时尚店铺》

Brendan MacFarLane 编，李楠，贾楠译的《全球时尚店铺》，2018 年 5 月由广西师范大学出版社出版。该书涵盖 40 余个案例。选取的案例为设计感强的零售店，店铺的室内设计能够充分展现品牌形象及产品。该书将选取的案例分为服装、化妆品、配饰、花店等几大类，并分类向读者介绍时尚店的设计特点。为读者呈现项目时，每个项目均配有丰富的图片，包括实景图和平面图等，多角度且详细地展现了店铺的空间设计。为了使读者更清晰地了解每家店铺的设计理念和亮点等方面，每个项目还配有文字说明，进行了详细的描述，全方面地向读者阐述店铺的设计细节及商店所传达的品牌概念等。该书除呈现丰富的案例之外，还详细介绍零售店设计的发展情况，预测未来发展趋势。

《商业店面设计》

（意）斯特凡诺·陶迪利诺的《商业店面设计》2015 年 3 月由辽宁科学技术出版社出版。该书根据店铺类型、位置、产品和建筑元素等因素，带领读者了解优秀店面从规划到设计的全过程。书中收录了 140 多个精彩的店面设计案例，展现店面设计中的流行趋势以及各大品牌独特的店面设计风格。每个案例不仅展示了店面的外观，还有针对性地介绍了设计理念，建筑材料和施工方法等设计细节。该书分为八个主要部分，分别是简介、店面的构成、店面设计规划、传统店面的翻新、新店面设计准则、建筑元素设计方法、安保设计、优秀设计案例等，配以精美照片和图纸。

《图解陈列设计手册》

陈根编著的《图解陈列设计手册》，由化学工业出版社于 2018 年 5 月出版。该书围绕陈列设计的基本知识和应用技巧，面向商业陈列实战需要，以世界范围内经典的陈列展示为案例，启发性、示范性很强。运用大量简图和实景陈列图来图解说明陈列方法和技巧，是该书的一大特色。

参考文献

[1] 王士如，林海 . 国际服饰店堂陈列经典 [M]. 北京：东方出版社，2006.

[2] [韩] 金顺九 . 视觉 · 服装——终端卖场陈列规划 [M]. 北京：中国纺织出版社，2007.

[3] 阳川 . 服饰陈列设计 [M]. 北京：化学工业出版社，2008.

[4] 徐斌 . 服装展示技术 [M]. 北京：中国纺织出版社，2006.

[5] 冷芸 . 时装橱窗艺术——让橱窗诉说品牌故事 [M]. 上海：上海书店出版社，2005.

[6] 曹赢超 , 马赛 . 橱窗里的琐碎：时尚橱窗展示细节设计 [M]. 北京：中国轻工业出版社，2009.

[7] 崔唯 . 商品展示环境色彩设计 [M]. 北京：中国青年出版社，2008.

[8] 刘君 . 伦敦时尚橱窗设计 · 时尚篇 [M]. 武汉：湖北美术出版社，2009.

[9] 张晓黎 . 服装展示设计 [M]. 北京：北京理工大学出版社，2010.

[10] MCOO 时尚视觉研究中心 . 潮流时装设计—陈列设计 [M]. 北京：人民邮电出版社，2011.

[11] [英] 托尼 · 摩根 . 视觉营销：零售店橱窗与店内陈列 [M]. 北京：中国纺织出版社，2009.

[12] 吴立中，王鸿霖 . 服装卖场陈列艺术设计 [M]. 北京：北京理工大学出版社，2010.

[13] 韩阳 . 卖场陈列设计 [M]. 北京：中国纺织出版社，2006.

[14] 周同的陈列博客 http://blog.sina.com.cn/u/1333942954.

[15] 周同 . 陈列管理 Q&A[M]. 沈阳：辽宁科学技术出版社，2010.

[16] http://www.vmdchina.com/

[17] http://www.japandesign.ne.jp/showwindow/

[18] http://wenku.baidu.com/view/4162d625ccbff121dd3683c0.html

[19] http://zhidao.baidu.com/question/210058832.html